NEW WCDP 新文京開發出版股份有限公司
新世紀．新視野．新文京 — 精選教科書．考試用書．專業參考書

New Wun Ching Developmental Publishing Co., Ltd.

New Age · New Choice · The Best Selected Educational Publications—NEW WCDP

# 工業通風

SEVENTH EDITION
第七版

# Industrial Ventilation

▶▶ 林子賢 | 編著

國家圖書館出版品預行編目資料

工業通風 / 林子賢編著. -- 七版.
--新北市：新文京開發,2020.05
面； 公分

ISBN 978-986-430-620-6（平裝）

1.空調工程

446.73 109005638

工業通風（第七版） （書號：B085e7）

| | |
|---|---|
| 編著者 | 林子賢 |
| 出版者 | 新文京開發出版股份有限公司 |
| 地址 | 新北市中和區中山路二段 362 號 9 樓 |
| 電話 | (02) 2244-8188（代表號） |
| FAX | (02) 2244-8189 |
| 郵撥 | 1958730-2 |
| 初版 | 西元 1999 年 09 月 10 日 |
| 二版 | 西元 2004 年 05 月 10 日 |
| 三版 | 西元 2012 年 10 月 31 日 |
| 四版 | 西元 2016 年 01 月 10 日 |
| 五版 | 西元 2017 年 02 月 01 日 |
| 六版 | 西元 2018 年 08 月 10 日 |
| 七版 | 西元 2020 年 07 月 01 日 |



建議售價：390 元

法律顧問：蕭雄淋律師

ISBN 978-986-430-620-6

# 目錄

CONTENTS

# 01 Chapter 緒論

## 第一節 工業通風與作業環境控制

工業通風(industrial ventilation)是職業安全衛生的重要課題之一。根據美國工業衛生學會（American Industrial Hygiene Association，簡稱AIHA）的定義，職業衛生是一門致力於預期(anticipation)、認知(recognition)、評估(evaluation)及控制(control)勞動場所中可能導致工作者或社區民眾生病、健康福祉受損或顯著不舒適的環境因子或壓力之科學及藝術。從上述的定義可知，工業通風在此即扮演「控制」這部分的主要角色。另一方面，在工業安全領域中，工業通風也扮演著相當重要的角色，如局限空間危害預防、防火防爆，以及消防設備中之排煙設備等都與工業通風有很高的關連性。

以作業環境控制的觀點而言，控制污染物、防範有害物發生及預防有害物進入人體的最好方式，便是從其發生源著手，其次才是傳送途徑及個人防護與衛生習慣等措施，作業環境控制與管理措施如表 1-1 所示。表中各控制與管理之優先順序為由左上到右下，要維持一個符合安全衛生的作業環境、預防職業病、降低職業病發生率，最根本的措施為作業環境改善。首先要嘗試替換危害較高的原物料，進行所謂源頭管理，接著即藉由工程改善來達到減少粉塵等化學性或物理性危害發生及暴露量，進而配合體格檢查、定期健康檢查及特殊健康檢查等健康管理、行政管理與教育訓練等安全衛生管理事項，以達到維護工作者健康之目的。所謂工程改善，除了修改製程、更新及調整機械設備外，主要就是運用工業通風原理，設置控制設備，將有害物從其發生源排除或降低其危害。

第 5 項加濕，多用於粉塵作業。例如粉塵危害預防規則第 17 條規定，雇主依第 6 條規定設置之濕式衝擊式鑿岩機於實施特定粉塵作業時，應使之有效給水。再則，第 18 條規定雇主依第 6 條或第 23 條但書規定設置維持粉塵發生源之濕潤狀態之設備，於粉塵作業時，對該粉塵發生處所應保持濕潤狀態。

第 2 欄位為傳輸路徑，第 1 項為環境整理整頓，例如粉塵危害預防規則第 22 條第 1 項規定，雇主對室內粉塵作業場所每日應清掃 1 次以上。第 2 項規定雇主至少每月應定期使用真空吸塵器或以水沖洗等不致發生粉塵飛揚之方法，清除室內作業場所之地面、設備。關於最底下 1 項的維護管理，則如粉塵危害預防規則第 19 條第 1 項規定，雇主使勞工從事粉塵作業時，應對粉塵作業場所實施通風設備運轉狀況、勞工作業情形、空氣流通效果及粉塵狀況等隨時確認，並採取必要措施。至於表中最右下位置的個人防護具，則是預防職業病的最後一道防線。

◢ 表 1-1　作業環境控制方法

| 有害物發生源(source) | 傳輸路徑(path) | 暴露者(receiver) |
| --- | --- | --- |
| 1. 以低危害物料替代 | 1. 環境整理整頓 | 1. 教育訓練 |
| 2. 修改製程 | 2. 整體換氣 | 2. 輪班 |
| 3. 密閉製程 | 3. 稀釋通風 | 3. 包圍作業員 |
| 4. 隔離製程 | 4. 拉長距離 | 4. 個人監測系統 |
| 5. 加濕 | 5. 環境監測 | 5. 個人防護具 |
| 6. 局部排氣裝置 | 6. 維護管理 | 6. 維護管理 |
| 7. 維護管理 | | |

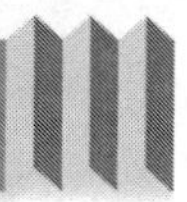

## 第二節 工業通風之功能與目的

通風之功能主要在於藉由供給或排除空氣，調節工作場所之空氣品質，以保持工作者之健康及提高其工作效率。其目的可概分為 4 種：

1. 提供工作場所工作者足夠的新鮮空氣。此目的在缺氧作業狀況下尤其重要，因氧氣含量不足所造成的缺氧，嚴重時可能造成永久性傷害，如植物人，甚至死亡。
2. 稀釋作業環境空氣中所含的低毒性有害物（整體換氣）或抽取高毒性有害物（局部排氣），並藉空氣的流動將其排出，降低作業環境空氣中有害物或危險物的濃度，減少工作者暴露，這是預防職業病最根本的措施之一。有害物的濃度應低於法定容許濃度，或使其刺激性不致引起工作者身體不適，如長期暴露於這些有害物中，可能引起各類慢性疾病。至於氣壓、游離輻射與紅外線、微波等非游離輻射，則不是工業通風可以排除的。
3. 將空氣中的危險物稀釋並排出，避免火災爆炸的發生。
4. 調節作業環境之溫濕度（例如中央空調）及風速，確保工作者之工作舒適度。

### 練習範例

## 職業安全衛生管理甲、乙級技術士技能檢定及高普考考題

(　) 1. 下列何者不屬降低化學性危害暴露的基本概念？ (1)職場健康促進 (2)減少發生源的產生 (3)切斷化學物質傳輸路徑 (4)保護接受者。【乙 3-317】

(　) 2. 下列何者是最佳的危害控制先後順序（A.從危害所及的路徑控制；B.從暴露勞工加以控制；C.控制危害源）？　(1)ABC　(2)BCA　(3)CAB　(4)CBA。【甲安 3-5】

(　) 3. 有關勞工衛生危害之管制，應以下列何者優先？　(1)發生源、製程及硬體設備改善　(2)作業管理　(3)防護具　(4)健康管理。【甲安 3-14】

(　) 4. 危害控制應優先考慮由何處著手？　(1)暴露者　(2)危害所及之路徑　(3)危害源　(4)作業管理。【甲衛 3-46】

(　) 5. 下列何者是作業環境控制最有效的方法？　(1)以無毒性原料替代　(2)以通風工程控制　(3)使勞工戴用防護具　(4)減少勞工暴露。【化測甲 2-42】

(　) 6. 為降低個人暴露，可藉控制有害物發生源達成，下列何者屬於此類控制方法？　(1)替代　(2)整體換氣　(3)使用防護具　(4)減少工時。【乙 3-318】

(　) 7. 防範有害物危害之對策，應優先考慮下列何者？　(1)健康管理　(2)行政管理　(3)工程改善　(4)教育訓練。【乙 3-316】

(　) 8. 作業環境暴露結果評估後，採取之改善方案中應優先考量下列何者？　(1)健康管理　(2)工程控制　(3)行政管理　(4)使用防護具。【化測甲 6-66】

(　) 9. 對於有害物工程控制，下列敘述何者為非？　(1)將製造區隔離，以減少暴露人數　(2)使用濕潤法（濕式作業）以減少有機溶劑逸散　(3)改變製程以減少操作人員與危害因素之接觸　(4)使用區域排氣（通風），以排出危害氣懸物質。【甲衛 3-266】

(　) 10. 風險控制執行策略中，下列何者屬於工程控制法？ (1)修改操作方法 (2)修改操作條件 (3)修改製程設計 (4)修改操作步驟。【甲安 3-142】

(　) 11. 依職業安全衛生設施規則規定，工作場所發生有害氣體時，應視其性質採取密閉設備、局部排氣裝置等，使其空氣中有害氣體濃度不超過下列何者？ (1)容許濃度 (2)飽和濃度 (3)恕限值濃度 (4)有效濃度。【乙 3-328】

(　) 12. 預防職業病最根本的措施為何？ (1)實施特殊健康檢查 (2)實施作業環境改善 (3)實施定期健康檢查 (4)實施僱用前體格檢查。【職安衛共同科目 41】

(　) 13. 以下何者是消除職業病發生率之源頭管理對策？ (1)使用個人防護具 (2)健康檢查 (3)改善作業環境 (4)多運動。【職安衛共同科目 54】

(　) 14. 室內粉塵作業場所依規定至少多久應清掃 1 次以上？ (1)每日 (2)每週 (3)每月 (4)每年。【甲衛 1-113】

(　) 15. 依粉塵危害預防標準規定，下述何者有誤？ (1)作業場所禁止飲食 (2)至少每 4 小請掃 1 次以上 (3)應指定粉塵作業主管 (4)若作業場所對於粉塵飛揚之清掃方法有困難，可以採行供給勞工使用呼吸防護具，以代替每日至少清掃 1 次以上之規定。【乙 1-301】

(　) 16. 依粉塵危害預防規則規定，雇主應至少多久時間定期使用真空吸塵器或以水沖洗等不致發生粉塵飛揚之方法，清除室內作業場所之地面？ (1)每日 (2)每週 (3)每月 (4)每季。【甲衛 1-118】

(　) 17. 依粉塵危害預防規則規定，對於粉塵作業場所應多久時間內確認實施通風設備運轉狀況、勞工作業情形、空氣流通效果及粉塵狀

況等，並採取必要措施？ (1)隨時 (2)每週 (3)每月 (4)每年。【甲衛 1-112】

( ) 18. 預防危害物進入人體的種種措施中，下列何者不是針對發生源所進行的措施？ (1)危害源包圍 (2)局部排氣 (3)危害物替換 (4)整體換氣。【甲衛 3-238】

( ) 19. 從事已塗布含鉛塗料物品之剝除含鉛塗料時，下列何者之預防設施效果最差？ (1)密閉設備 (2)局部排氣裝置 (3)整體換氣裝置 (4)濕式作業。【甲衛 1-46】

( ) 20. 在實施危害因子的預防管制時，如以調整暴露時間方式進行時，係屬何種管理？ (1)環境管理 (2)作業管理 (3)健康管理 (4)安全管理。【甲衛 3-15】

( ) 21. 防護具選用為預防職業病之第幾道防線？ (1)第一道 (2)第二道 (3)第三道 (4)最後一道。【乙 3-327】

( ) 22. 呼吸防護具通常使用時機不包括下列何者？ (1)為工業危害防護最後一道防線 (2)緊急搶救事件 (3)無其他工程控制方法可資使用 (4)經常性維護。【甲衛 3-218】

( ) 23. 呼吸防護具使用時機不含下列何者？ (1)短期維護 (2)緊急處置 (3)無其他工程控制方法可資使用 (4)為工業危害防護第一道防線。【甲衛 3-222】

( ) 24. 職業衛生的控制原則中，下列何者不是工程管理項目？ (1)使用防護具 (2)作業隔離 (3)濕式作業 (4)機械自動化。【物測乙 1-109】

( ) 25. 下列何者非通風換氣之目的？ (1)防止游離輻射 (2)防止火災爆炸 (3)稀釋空氣中有害物 (4)補充新鮮空氣。【乙 3-395】

(  ) 26. 有關工業通風功能與目的之下列敘述何者不正確？ (1)提供工作場勞工足夠的新鮮空氣 (2)稀釋或抽取作業環境空氣中所含的有害物，並藉空氣的流動將其排出，降低作業環境空氣中有害物或危險物的濃度 (3)藉由通風以控制及減少勞工暴露 (4)工業通風之排風機功能選用只需考慮馬力大小。【甲衛 3-237】

(  ) 27. 整體換氣裝置是用來 (1)稀釋作業場所空氣中低毒性有害氣體或蒸氣 (2)稀釋作業場所空氣中高毒性有害氣體或蒸氣 (3)調節作業場所溫度 (4)調節作業場所濕度。【物測甲 2-216, 物測乙 2-232】

(  ) 28. 下列何者設施主要作為降低空氣溫度？ (1)加濕器 (2)除濕器 (3)中央空調 (4)空氣清淨裝置。【物測乙 2-170】

(  ) 29. 熱危害改善工程對策中，下列何者是控制輻射熱(R)之有效對策？ (1)設置熱屏障 (2)設置隔熱牆 (3)設置反射簾幕 (4)增加風速。【甲衛 3-388】

(  ) 30. 雇主對於室內作業場所設置有發散大量熱源之熔融爐、爐灶時，應採取防止勞工熱危害之適當措施，下列何者不正確？ (1)將熱空氣直接排出室外 (2)隔離 (3)換氣 (4)灑水加濕。【乙 3-330】

(  ) 31. 雇主以機械通風設備換氣使空氣充分流通，除提供勞工新鮮空氣外，下列何者較屬非應一併考慮之事項？ (1)溫度調節 (2)火災爆炸防止 (3)氣壓 (4)有害物濃度控制。【甲衛 1-164】

32. 防止有害物質危害之方法，可從 A.發生源、B.傳播途徑及 C.暴露者等 3 處著手，請問下列各方法分屬上述何者？請依序回答。（本題各小項均為單選，答題方式如：(1)A、(2)B……）【2013-1#8】

(1) 設置整體換氣裝置。

(6) 以低毒性、低危害性物料取代。

(2) 設置局部排氣裝置。

(3) 製程之密閉。

(4) 實施勞工安全衛生教育訓練。

(5) 擴大發生源與接受者之距離。

(7) 實施輪班制度，減少暴露時間。

(8) 製程之隔離。

(9) 使用正確有效之個人防護具。

(10) 變更製程方法、作業程序。

33. 請從污染源、傳輸途徑、工作者 3 方面，分別說明作業場所有害物防制的措施有哪些？【2012 工安高考三級－工業衛生概論 3】

34. 為了保護工人健康，請依工業衛生基本原理針對作業程序、製程環境、工作人員分別說明如何控制作業場所的職業危害？

【2014 高考三級工業安全－工業衛生概論 2】

35. 針對化學性危害之預防，可從發生源、傳播路徑及暴露者採取對策，試列出 5 項有關「發生源」方面之對策。【2015-2#9】

36. 針對化學性因子危害之預防，可從發生源、傳播路徑及暴露者採取對策，試列出 5 項有關傳播路徑方面之對策。【2013-3#9】

37. 請由職業衛生專業觀點，說明工作場所環境改善的措施選項，並依據優先次序排序並舉例之。【2013 工礦衛生技師－工業衛生 3】

38. 請就以下安全防護原則，依其使用之優先性，排列順序（只需列出英文代號，例 A>B>C⋯）。A：低危害替代高危害 B：工程控制 C：消除危害 D：使用個人防護具 E：行政管理控制。【2016-2 甲安 4-1】

39. 何謂工程控制(engineering control)？試列舉 5 種工業衛生常用之工程控制方法。【2015 普考工業安全－工業衛生概要 5】

40. 工礦衛生技師如何運用專業知識和能力來控制(controls)職業場所產生的危害(hazards)？【2012 工礦衛生技師－工業衛生 3】

41. 某工廠作業經評估後含有多種化學性物質可能會造成勞工健康危害，請提出可行的控制方法？【2013 地方三等特考工業安全－安全工程 3】

42. 解釋名詞：作業隔離。【2015 普考工業安全－工業衛生概要 1】

43. 依據職業安全衛生法第 6 條第 7 款之規定，雇主對防止原料、材料、氣體、蒸氣、粉塵、溶劑、化學品、含毒性物質或缺氧空氣等引起之危害，應有符合規定之必要安全衛生設備及措施。在奈米物質(nanomaterials)暴露控制方法中，請申論應如何進行原則上之工程控制？【2018 工礦衛生技師－環控 2】

44. 職業衛生專業在工作場所常採樣的控制與管理措施有那些？請由污染物發生源、傳送途徑以及污染物接收者（工人）等 3 個面向條列，並依據採用的優先次序闡述說明。【2019 高考工安－工衛概要 1】

45. 通風換氣排氣系統的應用可達到那些目的（提示：考慮兩類系統）？【2019 職業衛生技師－環控 1】

## 第三節　工業通風的種類

工業通風一般分為「整體換氣」與「局部排氣」兩種。在我國的有關法規中，工程控制設備通常會分成「密閉設備」、「局部排氣裝置」與「整體換氣裝置」3 種。根據法規之定義，「密閉設備」指密閉有害物之發生源，使其不致散布之設備；「局部排氣裝置」指藉動力強制吸引並排出已發散之有害物之設備；「整體換氣裝置」指藉動力稀釋已發散之有害物之設備。

密閉設備基本上是屬於局部排氣裝置包圍型氣罩之一種，從維護工作者健康的角度而言，將有害物完全密閉起來是最能有效防止或減少工作者暴露有害物的方法，因此密閉設備是有害物作業場所工程控制或降低危害的最優先考慮之方法。如果無法完全密閉有害物之發生源，則此時最有效的排除方法應是設置局部排氣裝置，在有害物發生或存在之場所附近，利用動力捕集含有有害物之空氣並將其抽走，因為局部排氣裝置為能使有害物在其發生來源處擴散前即加以排除之工程控制方法。

整體換氣主要是藉由動力供給空氣至作業環境中，以便將有害物稀釋，進而利用氣流將有害物由作業環境中排除，有時會被稱為一般通風、全面通風或稀釋通風。如果要細分這些名詞，可參考美國政府工業衛生師協會（American Conference of Governmental Industrial Hygienists，以下簡稱 ACGIH）的說法：一般通風或全面通風(general ventilation)是屬於一般用語，泛指針對某一區域、房間或建築物提供及排除空氣；稀釋通風(dilution ventilation)則是以未受污染之空氣稀釋已受污染空氣，以控制空氣中有害物濃度、防火防爆、去除臭味或其他令人厭惡之有害物。

整體換氣根據其動力來源，可分為自然換氣與機械換氣兩種。自然換氣主要是利用天然風力，以溫度差或壓力差造成氣流流動，進而達到換氣之目的，此即一般所謂之溫差排氣或熱對流換氣。機械換氣乃利用機械動力，如風扇、抽風機等，達到空氣流動（對流）及稀釋有害物之目的。一般來說，以換氣效率而言，機械換氣優於自然換氣，因為機械換氣有人為操控之換氣設備，較能提供必要之換氣量，以便充分換氣，反觀自然換氣常需靠溫度差等不是人力可完全控制的動力，往往無法提供足夠之換氣量。

局部排氣與整體換氣除了設計方式不同外，其所造成的結果及工作者暴露情況也不同。整體換氣因為是用稀釋的方式，因此其排出之空氣中有害物濃度會比發生源或其作業環境空氣中之濃度低，而局部排氣一般是以較整體換氣量少之空氣將有害物捕集並集中於吸氣導管中，所以其吸氣導管中有害物濃度會大於作業場所空氣中之濃度。當然，以保護工作者健康的角度而言，局部排氣對於排除有害物發生源之效率遠大於整體換氣，因此在有關的法規中，都會要求優先設置密閉設備或局部排氣裝置，以有機溶劑中毒預防規則為例，於室內作業場所或儲槽等之作業場所，從事有關第一種有機溶劑或其混存物之作業時，應於各該作業場所設置密閉設備或局部排氣裝置，危害比較低的第二種及第三種有機溶劑作業場所，才可僅設置整體換氣裝置。鉛中毒預防規則也類似，只有在通風不充分之場所從事鉛合金軟焊作業，才得以僅設置整體換氣裝置，其餘各項鉛作業皆需設置局部排氣裝置，甚至密閉設備。總括而言，整體換氣裝置與局部排氣裝置之使用時機整理如表 1-2 所示。

表 1-2 整體換氣裝置與局部排氣裝置之使用時機

| | 使用時機 |
| --- | --- |
| 整體換氣裝置 | 1. 含有害物的空氣產生量不超過稀釋用空氣量。<br>2. 有害物進入空氣中的速率相當慢，且較有規律。<br>3. 有害物產生量少且毒性相當低，允許其散布在作業環境空氣中。<br>4. 勞工與有害物發生源距離必須足夠遠，使得工作者暴露濃度不致超過容許濃度標準。<br>5. 工作場所的區域大，不是隔離的空間。<br>6. 有害物發生源分布區域大，且不易設置局部排氣裝置時。 |
| 局部排氣裝置 | 1. 產生大量有害物的工作場所。<br>2. 有害物的毒性高或為放射性物質。<br>3. 有害物進入空氣中的速率快，且無規律。<br>4. 在一隔離的工作場所或有限的工作範圍。 |

練習範例

## 職業安全衛生管理甲、乙級技術士技能檢定及高普考考題

(  ) 1. 有害物作業場所控制危害之最優先考慮方法為下列何者？ (1)自然換氣 (2)局部排氣裝置 (3)整體換氣裝置 (4)密閉設備。【甲衛 3-240】

(  ) 2. 對於劇毒性及腐蝕性有害物之控制，下列何種控制技術應優先考慮？ (1)整體換氣 (2)局部排氣 (3)密閉設備 (4)呼吸防護具。【化測甲 2-76】

(  ) 3. 有機溶劑作業採取控制設施，如不計算成本，下列何者應優先考量？ (1)密閉設備 (2)局部排氣裝置 (3)整體換氣裝置 (4)吹吸型換氣裝置。【甲衛 1-35】

(  ) 4. 能使有害物在其發生源處未擴散前，即加以排除的工程控制方法為下列何者？ (1)整體換氣 (2)熱對流換氣 (3)自然通風 (4)局部排氣。【乙 3-397】

(  ) 5. 下列何者為有機溶劑作業最佳之控制設施？ (1)密閉設備 (2)局部排氣裝置 (3)整體換氣裝置 (4)吹吸型換氣裝置。【甲衛 1-36】

(  ) 6. 下列何種通風設備可用於第一種有機溶劑之室內作業場所？(1)局部排氣 (2)整體換氣 (3)自然換氣 (4)溫差排氣。【乙 396】

(  ) 7. 藉動力強制吸引並排出已發散粉塵之設備為下列何者？ (1)局部排氣裝置 (2)密閉設備 (3)整體換氣裝置 (4)維持濕潤狀態之設備。【甲衛 1-115, 化測甲 1-128】

( ) 8. 整體換氣裝置通常不用在粉塵或燻煙之作業場所，其原因不包括下列何者？ (1)粉塵或燻煙產生速度及量大，不易稀釋排除 (2)粉塵或燻煙危害小，且容許濃度高 (3)粉塵或燻煙產生率及產生量皆難以估計 (4)整體換氣裝置較適合於使用在污染物毒性小之氣體或蒸氣產生場所。【甲衛 3-250】

( ) 9. 整體換氣裝置通常不用在粉塵或燻煙之作業場所，其原因包括下列哪幾項？ (1)粉塵或燻煙產生率及產生量容易估計 (2)粉塵或燻煙危害小，且容許濃度高 (3)粉塵或燻煙產生速度及量大，不易稀釋排除 (4)整體換氣裝置較適合於使用在污染物毒性小之氣體或蒸氣產生場所。【甲衛 3-394】

( ) 10. 使用風扇可影響下列何者？ (1)傳導 (2)對流 (3)輻射 (4)對流與輻射效應。【物測乙 2-169】

( ) 11. 一般工業通風，整體換氣裝置所需排氣量較局部排氣裝置 (1)小 (2)大 (3)相等 (4)不一定。【物測甲 2-141】

( ) 12. 依鉛中毒預防規則規定，得免設置局部排氣裝置或整體換器裝置，不包括下列何種作業？ (1)作業時間短暫 (2)臨時性作業 (3)與其他作業有效隔離勞工不必經常出入 (4)採用濕式作業。【乙 1-297】

13. 何謂整體換氣及局部換氣？其可適用在哪些作業環境？【2013 升等薦任工業安全－工業衛生概論 5】

14. 解釋名詞：密閉。【2015 普考工業安全－工業衛生概要 1】

15. 請試述下列名詞之意涵：局部排氣。【2018 高考三級工安－工衛概論 1.4】

16. 下列各情境，何者可使用整體換氣即可(A)，何者應使用局部排氣(B)？請依序作答。（本題各小項均為單選，答題方式如：(1)A、(2)B…）
(1) 工作場所的區域大，不是隔離的空間。
(2) 在一隔離的工作場所或有限的工作範圍。
(3) 有害物的毒性高或放射性物質。
(4) 有害物產生量少且毒性相當低，允許其散布在作業環境空氣中。
(5) 有害物發生源分布區域大，且不易設置氣罩時。
(6) 有害物進入空氣中的速率快，且無規律。
(7) 有害物進入空氣中的速率相當慢，且較有規律。
(8) 含有害物的空氣產生量不超過通風用空氣量。
(9) 產生大量有害物的工作場所。
(10) 工作者與有害物發生源距離足夠遠，使得工作者暴露濃度不致超過容許濃度標準。【2020-1#8】

## 第四節 工業通風相關法規

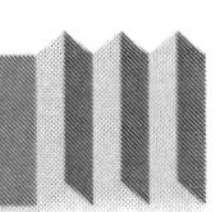

目前與工業通風相關之法規，主要都是屬於職業安全衛生法，以及其中央主管機關—行政院勞動部所訂定之有關規則及標準。職業安全衛生法之訂定是為了要防止職業災害，保障工作者安全及健康，因此在其第 2 章「安全衛生設施」第 6 條第 1 項規定，雇主對 14 項事項應有符合規定之必要安全衛生設備及措施。其中與通風換氣相關之項次及內容如下：

2. 防止爆炸性或發火性等物質引起之危害。

3. 防止電、熱或其他之能引起之危害。

4. 防止採石、採掘、裝卸、搬運、堆積或採伐等作業中引起之危害。

7. 防止原料、材料、氣體、蒸氣、粉塵、溶劑、化學品、含毒性物質或缺氧空氣等引起之危害。
8. 防止輻射、高溫、低溫、超音波、噪音、振動或異常氣壓等引起之危害。
10. 防止廢氣、廢液或殘渣等廢棄物引起之危害。
12. 防止動物、植物或微生物等引起之危害。
14. 防止未採取充足通風、採光、照明、保溫或防濕等引起之危害。

目前勞動部依據上述條文所訂定之法規中，與通風換氣有關的規則、標準、辦法及基準主要有：

1. 職業安全衛生法施行細則(2014.6.26)
2. 職業安全衛生設施規則(2014.7.1)
3. 缺氧症預防規則(2014.6.30)
4. 鉛中毒預防規則(2014.6.30)
5. 四烷基鉛中毒預防規則(2014.6.30)
6. 特定化學物質危害預防標準(2016.1.30)
7. 有機溶劑中毒預防規則(2014.6.25)
8. 粉塵危害預防標準(2014.6.25)
9. 異常氣壓危害預防標準(2014.6.25)
10. 營造安全衛生設施標準(2014.6.26)
11. 礦場職業衛生設施標準(2014.6.25)
12. 勞工作業環境監測實施辦法(2016.11.2)
13. 勞工作業場所容許暴露標準(2018.3.14)

14. 職業安全衛生管理辦法(2016.2.19)

15. 局部排氣裝置定期自動檢查基準(1993)

16. 空氣清淨裝置定期自動檢查基準(1998.10)

在上述第 2～11 項法規的第 1 條條文中，都有明示其乃依職業安全衛生法第 6 條第 3 項規定訂定的法源依據，至於法規中有關通風之規定則分述於後，各別之法規條文可參見附錄 A。

# 02 Chapter 整體換氣

作業場所內有害物發生源所產生之有害物，導入未受污染之新鮮空氣予以稀釋，使有害物濃度降低至作業環境容許濃度以下，此換氣方式稱之為整體換氣。整體換氣因促使空氣流動之驅動力不同，而有自然換氣與機械換氣兩種換氣方式。

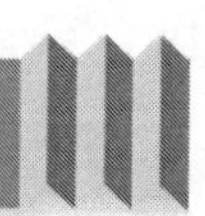

## 第一節　自然換氣

自然換氣方式為不使用機械動力之換氣方式，其主要常見的缺點是不易獲得預期換氣效果，也就是說無法確保必要之換氣量及空氣中有害物之排除效果，反之其優點可能是比機械換氣省錢。一般作業環境以自然換氣通風時，常以動力機械換氣裝置（如送風機、排氣機等）輔助，以達到給氣或排氣之換氣目的。以下介紹幾種自然換氣方法：

### 1. 風力換氣法

利用地理位置、日夜海陸風、季風等特性，於廠房構築時即加以考量，在設置門窗相對位置時，即能利用自然風力以有效換氣。此種換氣方法常因風速、風向、門窗開口部及間隙等因素而影響其換氣效果。因此，無法獲得正常穩定之換氣量為本法最大缺點。

### 2. 溫度差換氣法

利用廠內外溫度差，使廠內熱空氣上升，並由屋頂排出，此時補充用之新鮮冷空氣會由門窗等開口進入廠房中，如此可達到排除熱有害空氣及補充新鮮空氣之換氣目的。一般來說，建築物之室內外溫度差越大，則可獲得之自然換氣量也越大。

### 3. 風力與溫度差併用法

當戶外風速超過每秒 1.5 公尺時，風力即可促成自然換氣，同時因室內外溫度差而造成空氣密度差，進而產生壓力差，使得室內壓力較室外高。目前已有商業產品利用此原理，設計成渦輪式自然風力換氣裝置，此種以自然氣流驅動、無需電力、低噪音之換氣裝置，可廣泛應用於工廠、學校等公共場所，甚至是住家。

### 4. 分子擴散法

氣體分子可藉由擴散作用，由高濃度區域擴散至低濃度區域，使環境中之濃度均勻，利用此特性，非連續性、低濃度有害物可因分子擴散作用，而使其濃度降至容許濃度值以下。本法由於驅動力較小，一般較少作為主要通風換氣機制。

### 5. 慣性力排除法

有害物從其發生源產生時，利用本身具有的慣性力，可將此有害物順勢予以排除。例如噴漆作業時，向前噴射之力量，或以研磨切割圓輪運轉所產生之離心力等，皆可運用於有害物之排除，但此時應配合其他整體換氣或局部排氣裝置，以達到有效之通風效果。

## 第二節　機械換氣

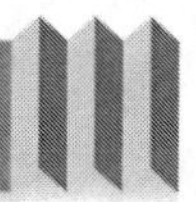

機械換氣裝置依動力位置，可為分排氣、給氣，以及給排氣併用 3 種方式。與自然換氣相比較，機械換氣在技術或經濟負擔上，所需之要求皆高許多。以下即針對此 3 種方式加以說明。

### 1. 排氣方式

本方式於廠房四周或屋頂裝設排氣機，利用抽氣動力將室內空氣中有害物或廢熱抽出，此時會在廠房中形成負壓狀態，新鮮空氣可由廠房開口進入，而達換氣效果。一般應用在有害物產量小且毒性較低的有機溶劑作業場所，依有機溶劑中毒預防規定，可適用於第二類及第三類有機溶劑及其混存物。排出的有害物或廢熱直接利用室外空氣予以稀釋擴散。此換氣方式可能不適於粉塵作業，因為慣性較大之粉塵可能無法跟隨氣流流至室外。

### 2. 給氣方式

本方式利用動力將室外空氣抽進作業環境中，使室內形成正壓狀態，此時室內空氣中有害物可藉由廠房的開口逸出。本法也可用在調節室內溫濕度，先將新鮮空氣調至適當溫濕度後，再供給至作業環境中以維持舒適的工作環境，並藉以提高生產效率。若利用本法稀釋含有惡臭物質或毒性較高物質，因會直接排放，對附近居民健康及環境衛生造成危害。

### 3. 給排氣併用方式

為達最佳之排熱及空氣中有害物換氣稀釋效果，給排氣均使用動力的方式應為較理想之整體換氣方法，其設計原則乃將給氣部分，即清淨空氣由作業環境中未受污染區導入，經由工作者呼吸區後，再向有害物存在區移動，帶走有害物，最後排放至室外。給排氣口儘量配置在廠房相對兩邊，不可太接近，而使新鮮空氣造成短流或錯接，而給排氣量大小應配合以平衡廠房內外之氣壓。

## 練習範例

( ) 1. 利用廠內熱空氣上升，並由屋頂排出，同時新鮮冷空氣會由門窗等開口補充進入廠房中，如此可達到排除熱有害空氣及補充新鮮空氣之換氣目的。請問此為何種換氣法？ (1)分子擴散法 (2)慣性力排除法 (3)溫度差換氣法 (4)機械換氣法。【甲衛 3-246】

( ) 2. 依職業安全衛生設施規則規定，雇主對於廚房應設何種通風換氣裝置，以排除煙氣及熱？ (1)自然換氣 (2)氣樓 (3)機械排氣 (4)未規定。【乙 3-88】

3. 在一般工作場所中，下列數值增加後，工作者安全衛生條件或該安全衛生設施之效能會變好或變差？（九）太子樓與地板之溫差。【2018-1#9】

## 第三節 整體換氣設置原則

1. 整體換氣通常用於低危害性物質，且用量少之環境。若有局部較具毒性或高污染性作業場所時，最好與其他作業環境隔離，或併用局部排氣裝置。

2. 作業環境空氣中有害物濃度不能太大，否則因所需稀釋之空氣量大而使整體換氣不符經濟效益。此外，有害物產生的速率必須均勻，以避免因局部高濃度而影響換氣效果，即連續 15 分鐘之平均濃度不可超過法規所定之短時間時量平均容許濃度。

3. 有害物發生源需遠離勞工呼吸區，且有害物濃度及排放量需較低，使工作者不致暴露在有害物之 8 小時日時量平均容許濃度值之上。

4. 補充之新鮮空氣量應足夠，並應根據作業環境需要，先行調整溫濕度。送進作業環境時，應先經過工作者呼吸區，不可先經過有害物發生源，再經過勞工呼吸區。
5. 避免排出的污染空氣再回流，排氣口位置最好高過屋頂，約建築物高度 1.5～2 倍為佳，且遠離進氣口。
6. 為求稀釋效果良好，避免新鮮空氣動線發生短流，抽風口及送風口位置應使氣流流動路徑順暢不受阻礙，且能有效流經整個有害物散布區域，不致出現死角。補充空氣最好送至工作者活動範圍，即作業場所地面上方 2.4～3 公尺左右。
7. 連接排氣機之導管開口部位應儘量接近有害物發生源，並使工作者呼吸區不暴露在排氣氣流中。
8. 在衡量有害物排放率及通風混合稀釋效果前題下，為有效控制有害物濃度在法規容許濃度值以下，常以理論所需換氣量之 3～10 倍作為實際換氣量，以確保換氣效果，即實際換氣量 $Q'(\mathrm{m}^3/\mathrm{s}) = K \times Q(\mathrm{m}^3/\mathrm{s})$。$K$ 值有時稱之安全係數，在供、排氣位置及混合效率良好時，可僅設定 1～2，如果位置及混合效率不良時，$K$ 值需設定為 5～10，以確保整體換氣效果。

## 練習範例

(　) 1. 整體換氣設置原則不包括下列何者？ (1)整體換氣通常用於低危害性物質，且用量少之環境 (2)局部較具毒性或高污染性作業場所時，最好與其他作業環境隔離，或併用局部排氣裝置 (3)有害物發生源遠離勞工呼吸區，且有害物濃度及排放量需較低，使勞工不致暴露在有害物之 8 小時日時量平均容許濃度值之上 (4)作業環境空氣中有害物濃度較高，必須使用整體換氣以符合經濟效益。【甲衛 3-248】

(　) 2. 理想之整體換氣裝置設計方式不包括下列何者？ (1)在最短的時間內稀釋污染物濃度 (2)污染物以最短的時間或最短的路徑排出 (3)污染物排出路徑不經過人員活動區域 (4)已排出的污染物應設計使其重回進氣口。【甲衛 3-249】

(　) 3. 下列對於通風換氣量安全係數 K 之敘述何者正確？ (1)實際換氣量 Q'($m^3$/s)=K x 理論換氣量 Q($m^3$/s) (2)在供、排氣位置及混合效率良好時，可設定 K 為 5～10 (3)考量工作場所可燃性氣體濃度維持在其爆炸下限的 30%以下，和 K 無關 (4)如果位置及混合效率不良時，K 值需設定為 1～2，以確保整體換氣效果。【甲衛 3-247】

## 第四節　整體換氣之有關法規規定

目前職業安全衛生法規中，有關整體換氣之相關規定，分布於幾個法規中，其中有關整體換氣裝置之換氣能力，主要以換氣量為指標，方式一般以 $Q$($m^3$/min)表示，至於學理上，應以換氣率更佳，一般常以每小時換氣次數(air change per hour, ACH)表示。換氣量之法規規定，於本節說明之，至於換氣率，則於第 7 節說明。

### (一) 職業安全衛生設施規則（參見附錄 A 第 3 節）

依第一節自然換氣所述之原理，為確保作業場所能透過窗戶及其他開口來提供足夠之自然換氣功能，職業安全衛生設施規則第 311 條第 1 項即規定，雇主對於勞工經常作業之室內作業場所，其窗戶及其他開口部分等可直接與大氣相通之開口部分面積，應為地板面積之 1/20 以上。但設置具有充分換氣能力之機械通風設備者，不在此限。另外，有機溶劑中毒預防規則第 3 條第 6 項及鉛中毒預防規則第 3 條第 17 項也定義通風不充分之室內作業場所，係指室內對外開口面積未達底面積 1/20 以上或全面積之 3%以上者。

另一方面，為使勞工作業場所有足夠活動空間與空氣，於職業安全衛生設施規則第 309 條規定，雇主對於勞工經常作業之室內作業場所，除設備及自地面算起高度超過 4 公尺以上之空間不計外，每一勞工原則上應有 10 立方公尺以上之空間。本章下一節將會討論空間氣積對整體換氣之影響，原則上不影響穩定狀態下所需換氣量，但會影響濃度蓄積或衰減之速率。氣積越大，將可減緩有害物濃度蓄積速率。

換氣量之要求，主要是規定於第 312 條，雇主對於勞工工作場所應使空氣充分流通，必要時，應依下列規定以機械通風設備換氣：

1. 應足以調節新鮮空氣、溫度及降低有害物濃度。
2. 其換氣標準下：

| 工作場所每一勞工所占立方公尺數($m^3$/p) | 每分鐘每一勞工所需之新鮮空氣之立方公尺數($m^3$/min · p) |
|---|---|
| 未滿 5.7 | 0.6 以上 |
| 5.7 以上未滿 14.2 | 0.4 以上 |
| 14.2 以上未滿 28.3 | 0.3 以上 |
| 28.3 以上 | 0.14 以上 |

本條所計算之氣積，並未排除第 309 條所列之 4 公尺以上氣積，在計算時應留意。至於上表中，每一勞工所占立方公尺數未滿 10 者，可能已不能滿足第 309 條之規定。

## （二）有機溶劑中毒預防規則

第 5 條規定於室內作業場所（通風不充分之室內場所除外），從事有機溶劑或其混存物之作業時，1 小時作業時間內有機溶劑或其混存物之容許消費量，依有機溶劑種類及作業場所之氣積而定，其規定如下表所示：

| 有機溶劑或其混存物之種類 | 有機溶劑或其混存物之容許消費量(g/hr) |
| --- | --- |
| 第一種有機溶劑或其混合物 | 容許消費量＝1/15×作業場所之氣積($m^3$) |
| 第二種有機溶劑或其混存物 | 容許消費量＝2/5×作業場所之氣積($m^3$) |
| 第三種有機溶劑或其混存物 | 容許消費量＝3/2×作業場所之氣積($m^3$) |
| ①表中所列作業場所之氣積不含超越地面 4 公尺以上高度之空間。<br>②氣積超過 150 立方公尺者，概以 150 立方公尺計算。 | |

至於有機溶劑作業是在儲槽等之作業場所或通風不充分之室內作業場所時，則上表之 1 小時限制，變嚴格成 1 日作業時間內。

在訂定容許消費量上限後，按著於第 15 條第 2 項規定，整體換氣裝置應依有機溶劑或其混存物之種類及消費量，計算其每分鐘所需之換氣量，以具備規定之換氣能力，此換氣能力及其計算方法，如下表所示：

| 有機溶劑或其混存物之種類 | 換氣能力 |
| --- | --- |
| 第一種有機溶劑或其混合物 | $Q$=0.3$G$ |
| 第二種有機溶劑或其混存物 | $Q$=0.04$G$ |
| 第三種有機溶劑或其混存物 | $Q$=0.01$G$ |
| 註：$Q$ 為換氣量($m^3$/min)，$G$ 為消費量(g/hr)。 | |

第 6 條規定，於室內作業場所或儲槽等之作業場所，從事有關第一種有機溶劑或其混存物之作業，應於各該作業場所設置密閉設備或局部排氣裝置。至於第二種及第三種有機溶劑，則有增列整體換氣裝置。意即，第

一種有機溶劑作業場所，當消費量超過容許消費量時，應設置通風設備，除了基本的整體換氣裝置外，也要設置密閉設備或局部排氣裝置。

### （三）鉛中毒預防規則

大部分之鉛作業場所皆應設置密閉設備或局部排氣裝置，只有在第 13 條中規定勞工於通風不充分之場所從事鉛合金軟焊之作業時，應於該作業場所設置局部排氣裝置或整體換氣裝置。

第 28 條第 2 項並規定整體換氣裝置之排氣機或設置導管之開口部，應接近鉛塵發生源，務使污染空氣有效換氣。

至於其換氣能力則根據第 32 條規定，應為平均每一從事鉛合金軟焊作業勞工每分鐘 1.67 立方公尺以上，即每小時 100 立方公尺以上。

### （四）勞工作業環境監測實施辦法

有關整體換氣之監測，於第 7～8 條有規定監測週期，並於第 9 條規定不定期監測之時機。第 7 條規定，雇主應依下列規定項目及期間，實施作業環境監測。但臨時性作業、作業時間短暫或作業期間短暫之作業場所，不在此限：

1. 設有中央管理方式之空氣調節設備之建築物室內作業場所，應每 6 個月監測二氧化碳濃度 1 次以上。
2. 坑內作業場所為下列情形之一，應每 6 個月監測粉塵、二氧化碳之濃度 1 次以上：
   (1) 礦場地下礦物之試掘、採掘場所。
   (2) 隧道掘削之建設工程之場所。
   (3) 前 2 目中已完工可通行之地下通道。

## 練習範例

( ) 1. 依有機溶劑中毒預防規則規定，整體換氣裝置之換氣能力以下列何者表示？ (1)$Q$(m$^3$/min) (2)$v$(m/s) (3)每分鐘換氣次數 (4)每小時換氣次數。【甲衛 1-38, 化測甲 1-115】

( ) 2. 依職業安全衛生設施規則規定，為保持良好之通風及換氣，雇主對勞工經常作業之室內作業場所，其窗戶及其他開口部分等可直接與大氣相通之開口部分面積，應為地板面積之多少比例以上？ (1)1/50 (2)1/30 (3)1/20 (4)1/2。【甲衛 1-162】

( ) 3. 所謂通風充分之室內作業場所，其窗戶及其他開口部分可直接與大氣相通之開口部分面積，應為地板面積之多少以上？ (1)1/20 (2)1/30 (3)1/40 (4)1/50。【化測乙 1-4, 物測乙 1-26】

( ) 4. 依鉛中毒預防規則規定，有關通風不充分之場所定義，下述何者正確？ (1)室內開口面積未達底面積 1/20 以上或全面積 5%以上 (2)室內開口面積未達底面積 1/20 以上或全面積 3%以上 (3)室內開口面積未達底面積 1/30 以上或全面積 3%以上 (4)室內開口面積未達底面積 1/15 以上或全面積 5%以上。【乙 1-296】

( ) 5. 依職業安全衛生設施規則規定，雇主對於廚房及餐廳，通風窗之面積不得少於總面積百分之多少？ (1)7 (2)12 (3)15 (4)18。【乙 3-219】

( ) 6. 依職業安全衛生設施規則規定，勞工經常作業之室內作業場所，除設備及自地面算起高度 4 公尺以上之空間不計外，每一勞工原則上應有多少立方公尺以上之空間？ (1)3 (2)5 (3)7 (4)10。【乙 3-334, 化測甲 1-154, 物測乙 1-25】

( ) 7. 依職業安全衛生設施規則規定，有一室內作業場所 20 公尺長、10 公尺寬、5 公尺高，機械設備占有 5 公尺長、2 公尺寬、1 公尺高共 4 座，請問該場所最多能有多少作業員？ (1)76 (2)80 (3)86 (4)96。【甲衛 1-168】

( ) 8. 依職業安全衛生設施規則規定，勞工工作場所以機械通風設備換氣，工作場所每一勞工所占空間未滿 5.7 立方公尺時，每分鐘每一勞工所需之新鮮空氣應達多少立方公尺以上？ (1)0.14 (2)0.3 (3)0.4 (4)0.6。【乙 3-336】

( ) 9. 依職業安全衛生設施規則規定，為使勞工作業場所空氣充分流通，一個占有 5 立方公尺空間工作的勞工，以機械通風設備換氣，每分鐘所需之新鮮空氣，應為多少立方公尺以上？ (1)0.14 (2)0.3 (3)0.4 (4)0.6。【甲衛 1-150】

( ) 10. 依職業安全衛生設施規則規定，一般工作場所平均每 1 勞工占有 10 立方公尺，則該場所每分鐘每 1 勞工所需之新鮮空氣為多少立方公尺以上？ (1)0.14 (2)0.3 (3)0.4 (4)0.6。【甲安 1-52】

( ) 11. 有機溶劑之容許消費量計算，與下列何者有關？ (1)壓力 (2)溫度 (3)濕度 (4)作業場所之氣積。【化測乙 1-1】

( ) 12. 依有機溶劑中毒預防規則規定，第二種有機溶劑或其混存物的容許消費量為該作業場所之氣積以下列何者？ (1)1/5 (2)2/5 (3)3/5 (4)沒限制。【甲衛 1-34】

( ) 13. 某公司有作業員工 300 人，廠房長 30 公尺，寬 15 公尺，高 5 公尺，每日需使用第一種有機溶劑三氯甲烷，依有機溶劑中毒預防規則規定，其容許消費量為每小時多少公克？ (1)10 (2)60 (3)120 (4)150。【甲衛 3-242】

( ) 14. 有機溶劑作業以整體換氣為控制設施時，其必要換氣能力由下列何者決定？ (1)整體換氣裝置之型式 (2)有機溶劑的種類 (3)有機溶劑的種類及消費量 (4)有機溶劑的消費量。【化測甲 1-116】

( ) 15. 某公司廠房長 200 公尺，寬 10 公尺，高 6 公尺，每日每小時平均使用第三種有機溶劑石油醚 30 公克，依有機溶劑中毒預防規則規定，其每小時需提供多少立方公尺之換氣量？ (1)0.3 (2)9 (3)18 (4)720。【甲衛 3-243】

( ) 16. 下列何者情形較可以建議事業單位考慮採用整體換氣？ (1)致癌性有害物 (2)粉塵性有害物 (3)腐蝕性有害物 (4)軟焊作業場所。【化測甲 2-77】

( ) 17. 依鉛中毒預防規則規定，於通風不充分之場所從事鉛合金軟焊之作業設置整體換氣裝置之換氣量，應為每一從事鉛作業勞工平均每分鐘多少立方公尺以上？ (1)1.67 (2)5.0 (3)10 (4)100。【甲衛 1-43, 化測甲 1-168】

( ) 18. 某一鉛作業場所鉛作業人數為 60 人，均為軟焊作業，則本鉛作業場所整體換氣裝置之換氣量約為每分鐘多少立方公尺以上？ (1)60 (2)100 (3)600 (4)1000。【乙 1-298】

( ) 19. 依勞工作業環境測定實施辦法規定，中央管理方式之空氣調節設備之建築物室內作業場所，應多久監測二氧化碳濃度 1 次以上？ (1)1 個月 (2)3 個月 (3)6 個月 (4)1 年。【乙 1-321, 物測甲 1-78, 物測乙 1-97】

( ) 20. 依法令規定，礦場地下礦物之試掘、採掘場所應每 6 個月監測下列何者之濃度 1 次以上？ (1)雷射 (2)粉塵 (3)二氧化碳 (4)紫外線。【物測甲 1-109, 物測乙 1-134】

(　)21. 設有中央管理方式之空氣調節設備之建築物室內作業場所，應每6 個月監測二氧化碳濃度 1 次以上，但下列何種之作業場所，不在此限？ (1)臨時性作業 (2)間歇性作業 (3)作業時間短暫 (4)作業期間短暫。【化測甲 1-170】

22. (1)某未使用有害物作業之工作場所，其長、寬、高分別為 40 公尺、20 公尺及 4 公尺，內有作業勞工 100 人。今欲以機械通風設備實施換氣，以維持勞工的舒適度及安全度。試問：依職業安全衛生設施規則規定，其換氣量至少應為多少 $m^3/min$？(2)某通風不充分之軟焊作業場所，作業勞工人數為 60 人。若以整體換氣裝置為控制設施時，依鉛中毒預防規則規定，其必要之換氣量為多少 $m^3/min$？【2011-3 甲衛 5】
Ans：(1)14, (2)100

註：以機械通風設備換氣，勞工安全衛生設施規則規定之換氣標準如下：

| 工作場所每一勞工所占立方公尺數 | 未滿 5.7 | 5.7 以上未滿 14.2 | 14.2 以上未滿 28.3 | 28.3 以上 |
|---|---|---|---|---|
| 每分鐘每一勞工所需之新鮮空氣之立方公尺數 | 0.6 以上 | 0.4 以上 | 0.3 以上 | 0.14 以上 |

23. 依勞工作業環境測定實施辦法規定，請說明下列作業場所，雇主應定期實施作業環境測定之項目及期間。設有中央空調之商業銀行。【2010-2#8-1】

24. 某鉛作業場所，室內長、寬、高分別為 20 公尺、20 公尺、5 公尺，同時使用甲苯每小時 3 公斤。若該場所共有勞工 120 名，請依相關法規計算換氣量應為何？【2012 工礦衛生技師－環控 4】Ans：120 $m^3/min$

25. 某有機溶劑作業場所每小時四氯化碳消費量為 5 公斤，依有機溶劑中毒預防規則規定，試問：(1)四氯化碳是屬何種有機溶劑？(2)其需要之

換氣能力，應為每分鐘多少立方公尺換氣量？（應列出計算式）【2013-3#10】Ans：1500

26. 某汽車車體工廠使用第二種有機溶劑混存物，從事烤漆、調漆、噴漆、加熱、乾燥及硬化作業，試回答下列問題：（請列出計算式）若調漆作業場所設置整體換氣裝置為控制設備，該混存物每日 8 小時的消費量為 20 公斤，依據有機溶劑中毒預防規則規定，設置之整體換氣裝置應具備之換氣能力為多少 $m^3/min$？【2013-3 甲衛 5.1】Ans：100

27. 某工作場所每勞工所占空間（自地面算起高度超過 4 公尺以上空間不計）為 30 $m^3$，以機械通風方式提供每位勞工 0.14 $m^3/min$ 之新鮮空氣。請計算每小時換氣次數。（請列出計算式，答案有效位數到小數點以下 2 位)）。【2016-1#10】Ans：0.28

28. 勞工工作場所應使空氣充分流通，除應足以調節新鮮空氣、溫度及降低有害物濃度外，其對於一般性的換氣標準規範為何？【2016 三級工安-衛概 5】

29. 依據我國「有機溶劑中毒預防規則」之規定，請列出容許消費量計算式及其應用上之注意事項。在哪些情況下，當有機溶劑消費量小於容許消費量時，可免除該規則中之設施、管理及防護措施之限制？【2016 工礦衛生技師-工業安全衛生法規 4】

30. 某事業單位計畫興建 4 層高廠房，試依下列廠房用途及相關法規規定，規劃通風換氣設施。（三）廠房 3 樓計畫使用四氯化碳超過 5%之溶劑調配切削液，總經理提案以整體換氣法且提高空氣置換率(air change per hour, ACH)至 5 ACH。請就有機溶劑中毒預防規則規定，提出控制設備選擇之專業建議。（答題建議，(1)贊成或反對；(2)按以下重點順序（場所→有機溶劑種類→控制設備）說明理由）【2019-2 甲衛 4.3】

## 第五節 基本原理及應用

整體換氣之主要目的之一，是在稀釋有害物濃度，其最低要求是要將有害物濃度控制在法規「勞工作業場所容許暴露標準」所規定之容許濃度值以下。為達此目的，所需之換氣量與作業環境空間大小、容許濃度值及有害物發散速率有關，其關係式可由基本的質量平衡原理求得，茲說明如下：

一般質量平衡的原理如下圖所示：

$V$（體積）

$C$（濃度）

$Q, C_{input}$（輸入量）→ $G$（發散量）→ $Q, C$（輸出量）

其公式可寫成：

有害物累積量（正值）或衰減量（負值）

＝發散量＋輸入量－輸出量

即

$$V\frac{dC}{dt}=G+QC_{input}-QC \quad \text{(2-1)}$$

其中，$V$ 為作業環境空間大小($m^3$)，

$C$ 為作業環境空氣中有害物濃度($mg/m^3$)，

$G$ 為有害物發散量($mg/min$)，

$Q$ 為換氣量($m^3/min$)，

$C_{input}$ 為輸入空氣中有害物濃度($mg/m^3$)。

此公式之相關推演結果，可參考附錄 B。

如針對有機溶劑或特定化學物質等，可先假設輸入空氣中不含該有害物質，即 $C_{input}=0$，則質量平衡公式可寫成：

$$V\frac{dC}{dt}=G-QC \qquad (2\text{-}2)$$

當我們要維持有害物濃度於某一定值（如容許濃度值）時，即化工動力學中所謂的穩定狀態(steady state)時，$\frac{dC}{dt}=0$，此時(2-2)式可改寫成：

$$QC=G$$

如針對換氣量，可將上式之 $C$ 移至右邊而得：

$$Q=\frac{G}{C} \qquad (2\text{-}3)$$

由(2-3)式可知，為維持某一濃度所需之換氣量($m^3$/min)，等於該有害物之發散量(mg/min)除以該濃度值($mg/m^3$)。一般在求取換氣量時，建議將發散量及濃度值分別以 mg/min 及 $mg/m^3$ 表示，如此可省去數據之單位換算。如果是其他單位，需先作單位換算。例如：發散量以 g/hr 表示，則 G 值要先乘以 1,000，將 g 換算成 mg，再除以 60，將 hr 換算成 min。此時(2-3)式可表示成：

$$Q(\mathrm{m}^3/\mathrm{min})=\frac{G(\mathrm{g/hr})\times 1000(\mathrm{mg/g})}{C(\mathrm{mg/m}^3)\times 60(\mathrm{min/hr})} \qquad (2\text{-}4)$$

當此有害物之濃度以 ppm 表示時，要先換算成 $mg/m^3$，其換算公式為：

$$C(\mathrm{mg/m}^3)=C(\mathrm{ppm})\times\frac{M(\mathrm{g/mole})}{24.45(\mathrm{L/mole})} \qquad (2\text{-}5)$$

其中，M 為該有害物之分子量，24.45 L/mole 則是常溫常壓(25°C, 1 atm)時一莫耳氣狀有害物所占之體積(L)。

將(2-5)式代入(2-4)式中可得：

$$Q(\mathrm{m}^3/\mathrm{min})=\frac{G(\mathrm{g/hr})\times 1000(\mathrm{mg/g})\times 24.45(\mathrm{L/mole})}{C(\mathrm{ppm})\times 60(\mathrm{min/hr})\times M(\mathrm{g/mole})}\text{..................(2-6)}$$

有關單位換算之推演說明請參閱附錄 C。

一般在作業環境空氣中常出現多種有害物混存之情形，根據「勞工作業環境空氣中有害物容許濃度標準」之規定，如果這些有害物相互間效應非屬於相乘效應或獨立效應時，應視為相加效應，其計算方法為：

$$\frac{\text{甲有害物成分之濃度}}{\text{甲有害物成分之容許濃度}}+\frac{\text{乙有害物成分之濃度}}{\text{乙有害物成分之容許濃度}}$$

$$\frac{\text{丙有害物成分之濃度}}{\text{丙有害物成分之容許濃度}}+\cdots\cdots\le 1\text{ ..........................................(2-7)}$$

調整(2-3)式成 $C=\frac{G}{Q}$，並代入(2-7)式可得：

$$\frac{G_1/Q}{C_1}+\frac{G_2/Q}{C_2}+\frac{G_3/Q}{C_3}+\cdots\cdots\le 1$$

整理上式，可求得符合法規要求，不超出容許濃度所需之換氣量為：

$$Q=\frac{G_1}{C_1}+\frac{G_2}{C_2}+\frac{G_3}{C_3}+\cdots\cdots\text{ ..........................................................(2-8)}$$

其中，$G_1, G_2, G_3,\cdots\cdots$ 為各有害物之發散量，

$C_1, C_2, C_3,\cdots\cdots$ 為各有害物之容許濃度值。

**範例** 某一公司有作業員工 120 人，廠房為長 25 公尺，寬 12 公尺，高 3.5 公尺，每日需用甲苯 2 公斤及丙酮 4 公斤，已知甲苯及丙酮之分子量分別為 92 及 58，時量平均容許濃度各為 100 ppm 及 750 ppm，求該作業場所之所需安全換氣量為多少？

解：

(1) 依職業安全衛生設施規則第 312 條規定，先計算工作場所每一勞工所占立方公尺數 $V_p\,(m^3/p)$。

$$V = 25\,m \times 12\,m \times 3.5\,m = 1050\,m^3$$

$$V_p = \frac{V}{p} = \frac{1050\,m^3}{120p} = 8.75\,m^3/p$$

查表得知 8.75 屬 5.7 以上未滿 14.2，因此每分鐘每一勞工所需之新鮮空氣量，$Q_p$，為 0.4 $m^3/min \cdot p$ 以上。

$$\therefore Q = Qp \cdot p = 0.4\,m^3/min \cdot p \times 120p = 48\,m^3/min$$

(2) 依有機溶劑中毒預防規則規定，查得甲苯及丙酮都屬第二種有機溶劑，根據第 5 條規定，其氣積超過 150 $m^3$，應以 150 $m^3$ 計算其容許消費量 $G_M$，為：

$$G_M\,(g/hr) = 0.4\,V = 0.4 \times 150(m^3) = 60(g/hr)$$
$$= 60\,g/hr \times \frac{kg}{10^3 g} \times \frac{8\,hr}{day} = 0.48(kg/day)$$

由此得知本案例中，甲苯及丙酮皆已超過容許消費量。

假設該工廠員工一天工作 8 小時，依第 13 條規定，查表得知其換氣量 $Q$ 為：

$$Q(\text{m}^3/\text{min}) = 0.04\,\text{G} = 0.04 \times (2\frac{\text{kg}}{\text{day}} + 4\frac{\text{kg}}{\text{day}}) \times \frac{10^3\,\text{g}}{\text{kg}} \times \frac{\text{day}}{8\,\text{hr}}$$
$$= 30\,\text{m}^3/\text{min}$$

(3) 依據整體換氣原理所推導之理論換氣量，即(2-8)式：

$$Q = \sum \frac{G_i}{C_i} = \frac{G_1}{C_1} + \frac{G_2}{C_2}$$

$$G_1 = 2\frac{\text{kg甲苯}}{\text{day}} \times 10^6 \frac{\text{mg}}{\text{kg}} \times \frac{\text{day}}{8\,\text{hr}} \times \frac{\text{hr}}{60\,\text{min}} = 4170\,\text{mg}/\text{min}$$

$$G_2 = 4\frac{\text{kg丙酮}}{\text{day}} \times 10^6 \frac{\text{mg}}{\text{kg}} \times \frac{\text{day}}{8\,\text{hr}} \times \frac{\text{hr}}{60\,\text{min}} = 8330\,\text{mg}/\text{min}$$

$$C_1 = 100\,\text{ppm} \times \frac{92\,\text{g}/\text{mole}}{24.45\,\text{L}/\text{mole}} = 376\,\text{mg}/\text{m}^3$$

$$C_2 = 750\,\text{ppm} \times \frac{58\,\text{g}/\text{mole}}{24.45\,\text{L}/\text{mole}} = 1780\,\text{mg}/\text{m}^3$$

$$\therefore Q = \frac{4170}{376} + \frac{8330}{1780} = 11.11 + 4.68 = 15.79\,\text{m}^3/\text{min}$$

(4) 綜合上述 3 種計算得知 $48\,\text{m}^3/\text{min} > 30\,\text{m}^3/\text{min} > 15.79\,\text{m}^3/\text{min}$，所以本範例之作業場所所需之換氣量為 $48\,\text{m}^3/\text{min}$。

## 練習範例

1. 某工作場所空間為：$40\,\text{m} \times 40\,\text{m} \times 4\,\text{m}$，室溫狀況下，有機溶劑的使用量是每小時 4 公升（比重：1.336，分子量：84.94），若其容許暴露濃度為 100 ppm，安全係數(safety factor)設定為 5，請計算：

   (1) 通風系統未啟動，1 小時之後的濃度應為多少？

(2) 假設進氣系統的去除效率為 80%，外界空氣濃度為 0，請問室內空氣完全循環（無外氣）時，所需操作的空氣流量應為多少 $m^3$/sec？

(3) 若是完全外氣（無循環迴流），所需的空氣量為多少 $m^3$/sec？【2010 工業安全技師－工業衛生概論】Ans:(1)240 ppm, (2)26.7, (3)21.4

2. （一）某一工作場所未使用有害物作業，該場所長、寬、高各為 15 公尺、6 公尺、4 公尺，勞工人數 50 人，如欲以機械通風設備實施換氣以調節新鮮空氣及維持勞工之舒適度，依職業安全衛生設施規則規定，其換氣量至少應為多少 $m^3$/min？

註：下表為以機械通風設備換氣時，依職業安全衛生設施規則規定應有之換氣量。

| 工作場所每一勞工所占立方公尺數 | 未滿 5.7 | 5.7～未滿 14.2 | 14.2～未滿 28.3 | 28.3 以上 |
|---|---|---|---|---|
| 每分鐘每一勞工所需之新鮮空氣之立方公尺數 | 0.6 以上 | 0.4 以上 | 0.3 以上 | 0.14 以上 |

（二）同一工作場所若使用正己烷從事作業，正己烷每日 8 小時作業之消費量為 30 公斤，依有機溶劑中毒預防規則附表規定，雇主設置之整體換氣裝置之換氣能力應為多少 $m^3$/min？（正己烷每分鐘換氣量換氣能力乘積係數為 0.04）【2015-3 甲衛 5】Ans：(1)20, (2)150

3. 在室內有一發生量為 1 $m^3$/h 的有害氣體，現欲以整體換氣將其濃度降至 50 ppm 且保持平衡，試問換氣量應為多少？【2011 工安技師－工業衛生概論 4】Ans：333 $m^3$/min

4. 有一以部分外氣、部分回風方式通風之室內作業空間，在截面尺寸為 40 公分×25 公分之供氣管路中所量得之平均風速為 4.0 公尺／秒。在外氣進口處、外氣與回風之空調箱(plenum)中及回風口等三處所測得之二氧化碳濃度分別為 300、425 及 535 ppm。若此作業空間有 12 位勞工，請問在上述條件下，每一勞工所分配到的外氣為多少 $m^3/min$？【2011 工礦衛生技師－作業環境控制工程 4】Ans：2

5. 某作業場所體積為 V $m^3$，通風換氣率為 Q($m^3/min$)，內僅有 A 有害物，其逸散率為 G(mg/min)，假設該場所在 $t_0$(min)時，現場空氣中 A 有害物之濃度為 $C_0$($mg/m^3$)：
   (1) 試證明該場所在 t(min)時之濃度 C(t)($mg/m^3$)，可以下式表示之：
   $$C(t)=\frac{1}{Q}\left\{G-\left[(G-QC_o)e^{-\frac{Q}{V}(t-t_0)}\right]\right\}$$
   (2) 在推導前面公式時，其主要假設為何？
   (3) 試證明當 $t_0=0$ min 時，$C_0=0$ $mg/m^3$，則 C(t)可以下式表示之：
   $$C(t)=\frac{G}{Q}\left(1-e^{-\frac{Q}{V}t}\right)$$
   (4) 上式中 Q/V 之物理意義為何？其與 C(t)有何關係？【2014 工礦衛生技師－作業環境控制工程 1】

6. 某作業場所之內僅有 A 化學品逸散，其逸散率 $G_0$ 為 5,000 mg/min，其所需理論換氣率 $Q_0$ 為 100 $m^3/min$，假設設計時採用之安全因子(K)為 5，則：
   (1) 該場所之最終平衡濃度 $C_0$（單位：$mg/m^3$）為何？
   (2) 假設該場所因趕工，其 A 化學品逸散率變為 $G_1$(=50,000 mg/min)，如欲維持前(1)之最終平衡濃度，且設計時 K 仍為 5，則所需之理論換氣率 $Q_1$（單位：$m^3/min$）為何？
   (3) 承(2)之假設，如最終平衡濃度變為 $0.5C_0$，則還需增加之理論換氣率 $Q_2$（單位：$m^3/min$）為何？【2014 工礦衛生技師－作業環境控制工程 2】Ans：(1)150, (2)1000, (3)1000

7. 某一使用整體換氣之作業場所每工作日（8 小時）消耗甲苯($C_7H_8$)500 毫升，假設甲苯消耗速率均一，使用後迅速汽化且均勻逸散至作業全場，試問為使作業現場甲苯蒸氣濃度控制在行動基準(action level)以下，該現場每分鐘應有多少立方公尺的換氣量？（假設環境條件為常溫常壓，甲苯密度為 0.867 g/cm$^3$，甲苯 8 小時日時量平均容許濃度為 100 ppm）【2016 工礦衛生技師-工業衛生 5】Ans：4.8

8. (1) 正己烷之飽和蒸氣壓遵循安東尼方程式：$\ln(P^{sat}) = 15.8366 - 2697.55/(T - 48.78)$ 其中 $P^{sat}$ 的單位為 mmHg，T 的單位為 K。請計算在攝氏 30 度時，正己烷之飽和蒸氣壓為多少大氣壓？（註：如未上過工安相關課程，此題可略過）
   (2) 若溶液為水溶液，且含 60%之正己烷，請問飽和蒸氣壓為多少大氣壓？（假設為理想溶液）
   (3) 若儲存於直徑 60 公分之容器，請求出其蒸發量為每秒多少公克？質量擴散係數為：km=0.83(18/M)$^{1/3}$(cm/s)，M 為正己烷分子量(86)。
   (4) 若正己烷之時量平均容許濃度(TWA)為 50 ppm，請問應設計多大之通風換氣量才會符合法令？【2016 工業安全技師－工業安全工程 5】

9. 某 315 m$^3$ 之室內工作場所之清洗黏著作業同時使用兩種有機溶劑：丁酮與甲苯，其容許濃度標準分別為 200 ppm 與 100 ppm。若已知兩種有機溶劑的毒性具有「加成效應」，且其揮發產生率皆為 1 L/hr；此外，丁酮之不均勻混合係數（或安全因子）K=3、溶液密度 $\rho_L$ = 0.81 g/mL、分子量 M=72 g/mol，而甲苯之 K=1、$\rho_L$=0.87 g/mL、M=92 g/mol：
   (1) 請試述 K 之意義並舉例說明。
   (2) 請問該場所之需求換氣量(required Q; m$^3$/min)為何？（已知理想氣體莫耳體積=24 L/mol）
   (3) 請問該場所每小時之換氣次數為何？【2017 工礦衛生技師－作業環境控制工程 4】Ans：(2)105, (3)0.33

10. 某事業單位計畫興建 4 層高廠房，試依下列廠房用途及相關法規規定，規劃通風換氣設施。(二) 廠房 2 樓計畫使用丁酮（MEK, 容許暴露標準為 200 ppm，分子量為 72.1）及甲苯（容許暴露標準為 100 ppm，分子量為 92）從事清潔擦拭作業，其每小時消費量分別為 1 公斤及 1.5 公斤（假設在空氣中完全蒸發，完全混合均勻），這兩種化學品有麻醉作用且假設相互間為相加(additive)效應。若 25 ºC、1 大氣壓下作業環境空氣中丁酮之採樣濃度為 140 ppm、甲苯為 120 ppm，理想氣體的摩爾體積為 24.45 L。若欲採取整體換氣法將廠內有害物濃度降到符合容許濃度標準，則有效通風流量應該為多少 $m^3$/min？四捨五入至少數點後 1 位。(請按建議公式計算，否則不計分：Q =有害物產生摩爾數*摩爾體積／濃度)【2019-2 甲衛 4.2】Ans：94.7

## 第六節　防火防爆

對於會產生爆炸之氣體或蒸氣，如易燃性或引火性液體之蒸氣及可燃性氣體，其濃度應維持在爆炸下限 30%以下，因此其所需換氣量，可由(2-6)式推演而得：

$$Q=\frac{24.45\times10^{3}\times G}{60\times0.3LEL\times10^{4}M} \quad \cdots\cdots(2\text{-}9)$$

其中，$Q$ 為最低換氣量($m^3$/min)，

$G$ 為發散量(g/hr)，

$LEL$ 為爆炸下限(%)，

$M$ 為分子量。

**範例** 一乾燥爐內有丙酮在蒸發，每小時蒸發量為 1 kg，問需要每分鐘多少立方公尺之新鮮空氣稀釋丙酮蒸氣才安全？（丙酮爆炸範圍 2.6～12.8 %）【75 工安高考．工業安全工程】

**解：**

$$Q=\frac{24.45\times10^{3}\times G}{60\times0.3LEL\times10^{4}\times M}$$

其中，$G=1\,\text{kg}/\text{hr}=1000\,\text{g}/\text{hr}$

$LEL=2.6\,\%$

$M=58$

$$Q=\frac{24.45\times10^{3}\times1000}{60\times0.3\times2.6\times10^{4}\times58}=0.90\ \text{m}^{3}/\text{min}$$

粉末狀的可燃性固體在空氣中以分散（懸浮）狀態存在時，與可燃性氣體相同，當供給熱能時可能引起爆炸，但一般而言，所需的最小引燃能量較氣體爆炸大。與可燃氣體相比，粉塵爆炸也有一定的濃度範圍，且具有上下限。粉塵爆炸的原理如下：(1)懸浮粉塵因熱分解產生可燃氣體；(2)可燃氣體與空氣混合燃燒；(3)引起周圍更多的粉塵燃燒，形成連鎖反應，加快反應速度，最後造成爆炸。104 年 6 月 27 日新北市八仙樂園內舉辦的彩色派對，現場噴灑大量玉米澱粉及食用色素所製作之色粉，疑似因高熱燈光之熱源，造成快速燃燒而導致火災燒傷事故。

## 練習範例

( ) 1. 一乾燥爐內有丙酮在蒸發，每小時蒸發量為 1 kg，經過理論計算則需要每分鐘 0.9 立方公尺之新鮮空氣稀釋丙酮才安全（其爆炸範圍 2.6～12.8%）；若乾燥爐內操作物改為苯（其爆炸範圍 1.4～7.1%），每小時蒸發量也為 1 kg，依職業安全衛生設施規則規定，需要每分鐘多少立方公尺之新鮮空氣稀釋苯蒸氣才安全？(1)0.4 (2)0.9 (3)1.0 (4)1.2。【甲衛 3-244】

2. 某彩色印刷廠使用正己烷作業，該場所的長、寬、高分別為 15 公尺、6 公尺及 5 公尺，每日 8 小時作業之消費量為 30 kg，作業人數為 40 人。試問：

(1) 為預防勞工遭受正己烷中毒之危害，其必要之最小換氣量為何？

(2) 依勞工安全衛生設施規則規定，所必要提供之新鮮空氣量為何？

已知：① 該作業場所之溫度、壓力為 25 °C、1 atm

② 正己烷的分子量及火災（爆炸）範圍分別為 86，1.1～7.5%

③ 正己烷之 8 小時日時量平均容許濃度為 50 ppm

④ 依勞工安全衛生設施規則規定，每人所占氣積在 5.7～14.2 $m^3$ 時，必要供應之新鮮空氣量為每人每分鐘 0.4 $m^3$ 以上。

【2010-3 甲衛 5-1】Ans：(1)355.4$m^3$/min, (2)16$m^3$/min

3. 某印刷廠每天進行有機溶劑作業 8 小時，使用 1 桶（每桶 5 公斤）二甲苯。二甲苯的爆炸下限為 1%，欲控制使其空間濃度低於 30%爆炸下限，且作業場所溫度控制在 30 °C，則應有多少換氣量？【2010 工礦衛生技師－作業環境控制工程】Ans:49$m^3$/hr

4. 某事業單位作業場所之溫度、壓力分別為 25 °C、1 大氣壓。試回答下列各問題：
   (1) 今以可燃性氣體監測器測定空氣中丙酮的濃度時，指針指在 2.0%*LEL* 的位置。試問此時空氣中丙酮的濃度相當多少 ppm？
   (2) 若丙酮每日 8 小時的消費量為 20 kg。今裝設整體換氣裝置作為控制設備時，
      ① 依職業安全衛生設施規則規定，為避免發生火災爆炸之危害，其最小通風換氣量為何？
      ② 為預防勞工發生丙酮中毒危害，理論上欲控制在 8 小時日時量平均容許濃度以下的最小換氣量為何？
      ③依有機溶劑中毒預防規則規定，每分鐘所需之最小換氣量為何？

   已知：丙酮（分子量為 58）的爆炸下限值(lower explosive limit, *LEL*)為 2.5%，8 小時日時量平均容許濃度為 750 ppm。【2016-3 甲衛#5】

   Ans:(1)5, (2)140.5m$^3$/hr, 1405m$^3$/hr, 800m$^3$

5. 某有甲苯自儲槽洩漏於一局限空間作業場所，其作業空間有效空氣換氣體積為 30 立方公尺，已知每小時甲苯（分子量：92）蒸發量為 3500 g，甲苯爆炸範圍 1.2～7.1%。請回答下列問題：
   (1) 若以新鮮空氣稀釋甲苯蒸氣，維持甲苯蒸氣濃度在爆炸下限 30% 以下（安全係數約等於 3），且達穩定狀態(steady state)時，請問每分鐘需多少立方公尺之換氣量？又，每小時換氣次數為多少？
   (2) 呈上題，若安全係數設為 10，需每分鐘多少立方公尺之換氣量？

   換氣量參考公式：Q = 24.45*1000*G*K/60/LEL/10000/M【2018-2 甲衛 5】Ans:(1)4.3, 418, (2)12.9

## 第七節　有害物濃度衰減

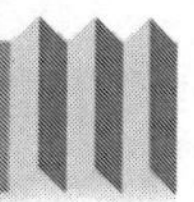

當有害物蓄積至過高濃度而需換氣稀釋時，我們需停止發散有害物或移除有害物發生源，並通以新鮮不含該有害物之空氣，此時(2-1)式中之$G=0$，且$C_{\text{input}}=0$，該式變成：

$$V\frac{dC}{dt}=-QC \quad \text{(2-10)}$$

調整參數位置成：

$$\frac{dC}{C}=-\frac{Q}{V}dt$$

積分後得

$$\ln\frac{C}{C_0}=-\frac{Q}{V}t \quad \text{(2-11)}$$

取對數得

$$C=C_0e^{-\frac{Q}{V}t} \quad \text{(2-12)}$$

其中，$C_0$為開始換氣時，即$t=0$時之有害物濃度。

$\frac{Q}{V}$即為所謂之換氣率，其單位為$\frac{\text{m}^3/\text{min}}{\text{m}^3}=\text{min}^{-1}$，也就是單位時間（分鐘）之換氣次數，可以用$a$表示，此時(2-12)式可寫成：

$$C=C_0e^{-at} \quad \text{(2-13)}$$

根據(2-13)式，有害物濃度將會以對數函數方式衰減。

**範例** 設有一個二甲苯儲槽欲進行歲修，在進入儲槽維修前進行環境測定，發現二甲苯濃度高達 1,000 ppm，該儲槽容量為 200 $m^3$，開始實施換氣，換氣量為 20 $m^3$/min，若該儲槽已無殘餘二甲苯液體及其他揮發性物質，且均勻換氣，試問換氣 1 小時後，二甲苯濃度衰減至多少？要換氣多久可將二甲苯濃度降在容許濃度標準以下？換氣量加倍為 40 $m^3$/min 時，此所需時間可縮短多少？

**解：**

(1) 根據(2-12)式：

$$C = C_0 e^{-\frac{Q}{V}t}$$

其中，$C_0 = 1000\ \text{ppm}$

$Q = 20\ \text{m}^3/\text{min}$

$V = 200\ \text{m}^3$

$t = 1\ \text{hr} = 60\ \text{min}$

將上述參數代入(2-12)式可得：

$$C = 1000e^{-(\frac{20}{200})\times 60} = 2.5\ \text{ppm}$$

(2) 調整(2-11)式為：

$$t = -\frac{V}{Q}\ln\frac{C}{C_0} \quad \text{......(2-14)}$$

其中，$V = 200\ \text{m}^3$

$Q = 20\ \text{m}^3/\text{min}$

$C = 100\text{ ppm}$（查容許濃度標準而得）

$C_0 = 1000\text{ ppm}$

將上述參數代入(2-14)式可得：

$$t = -\frac{200}{20}\ln\frac{100}{1000} = 23\text{ min}$$

(3) $Q$ 改為 40 $\text{m}^3/\text{min}$

$$t = -\frac{200}{40}\ln\frac{100}{1000} = 11.5\text{ min}$$

由此可知，換氣量加倍，所需時間可減半，即換氣量與所需時間成反比關係。

## 練習範例

1. 某 200 公升桶在進行可燃性液體灌裝時需先吹入氮氣，將桶內氧氣濃度降低，以避免產生火災爆炸，桶內氧濃度的變化可用下列微分方程式表示：$V\dfrac{dC}{dt} = -kQ_vC$

   其中 $C$ 為桶內氧濃度，$t$ 為時間，$V$ 為桶之容積，$Q_V$ 為吹入氮氣之體積流速，$k$ 為桶內非均勻混合之修正因子($0.1 < k < 1$)。試推導桶內氧濃度由 $C_0$ 要降到 $Cf$ 所需之時間為何？假設桶內氣體為均勻混合($k=1$)，計算以每分鐘 100 公升的氮氣吹入，將桶內氧濃度由 20.9%降至 1%所需之時間為何？【2011 工安技師－工業安全工程 3】

2. 一使用中之 Class II 級生物安全櫃 type B2，其櫃內產生之污染空氣，全部經過處理過後由排氣系統排放（空氣再循環率 0%）。因為要變更操作之病原體，需要進行燻蒸消毒，因此以 2 g 甲醛液體加入催化劑進行燻蒸消毒，並封閉生物安全櫃對外之排氣管線，已知櫃內有效燻蒸空間為 1.5 $m^3$。(25 °C、1 大氣壓條件下，氣狀有害物之毫克摩爾體積立方公分數為 24.45)

(1) 催化反應開始並產生甲醛蒸氣後，立即將操作門關閉，最後除餘有甲醛殘留液體 0.8 g 外，其餘全部經催化揮發成蒸氣，在 25 ℃，1 atm 下，甲醛蒸氣均勻分布在安全櫃內，請計算櫃內初始甲醛蒸氣濃度為多少 ppm？

(2) 燻蒸結束後，若甲醛蒸氣未逸散出安全櫃，且櫃外自然空氣中並無甲醛濃度，而櫃內甲醛蒸氣殘餘濃度維持穩定為 120 ppm，若開放排氣系統及操作門，以 3 $m^3$/hr 之排氣量進行均勻之稀釋換氣，於 1 小時之後重新測定殘餘甲醛蒸氣濃度，請估算其遞減後濃度為多少 ppm？

(3) 承上題，若改以 9 $m^3$/hr 之排氣量進行均勻之稀釋換氣，在同樣狀況下，需要多少分鐘才能遞減至題(2)同樣的濃度？【2015 工礦衛生技師－環控 5】Ans：(1)651, (2)88, (3)20

3. 工作場所每一勞工平均占 5 立方公尺，雇主提供每一勞工平均每分鐘 0.6 立方公尺新鮮空氣。請計算工作場所換氣率為每小時多少次？【2017-1#10】Ans：7.2

4. 某工廠進行特殊噴漆作業，室內體積為 72 $m^3$，必須批次性地使用二氯甲烷作為稀釋劑，導致二氯甲烷逸散。如以機械通風進行室內揮發性有機物通風改善，通風換氣量為每小時 5 次室內體積時，如欲控制二氯甲烷濃度至允許之 STEL(short term exposure limit)濃度(75 ppm)，此初始二氯甲烷濃度上限應設為若干？如何管制二氯甲烷之濃度需於此限值之下？【2018 工安技師－工衛 1】Ans：(1)262ppm, (2)任何連續 15 分鐘消費量不得超過 23.4 克

# 第八節 二氧化碳蓄積

一般辦公處所最常出現的問題之一是在換氣率不足的情況下導致二氧化碳濃度蓄積，一般室外環境空氣中之二氧化碳濃度約為 350～500 ppm，職安法規規定之容許暴露標準是 5,000 ppm，但一般室內環境，如依環保署法規定，應維持在 1,000 ppm 以下。吸入二氧化碳視暴露量大小，會導致呼吸加速、心跳加速、頭痛、發汗、喘氣、頭昏眼花、精神憂鬱、痙攣、視覺干擾、發抖，甚至失去知覺等症狀。其所需換氣量之計算，基本上也是運用(2-1)式及其他推演而得之公式，但與其他有害物不同的地方是，輸入的空氣中必定含有二氧化碳，也就是說在(2-1)式之 $C_{input} \neq 0$，因此，如果要維持二氧化碳濃度在某一定值，則(2-3)式修改為如下所示：

$$Q = \frac{G}{C - C_{input}} \qquad \text{(2-15)}$$

很多人在所謂有「中央空調」的冷氣房內工作，一天下來或一個星期下來，常會發現空氣不好，並感覺不適，其主要原因可能就在其換氣量不足，原因是這些中央空調可能只是用冰水機調節工作場所之溫濕度，由天花板送下來的冷空氣，實際上是直接抽自同一間辦公室，讀者如有興趣可爬上天花板，移開吸音板，看看所謂回風口及送風口之管線裝設方式，即可瞭解此空調之空氣從哪裡來。如果發現是直接來自室內，則換氣率可能很低，因為此時新鮮空氣只能靠打開門窗進入室內；如果室內空氣由回風口經過導管抽走，調節後再由另外的導管自送風口送進室內，則此時之換氣率視空調主機自室外抽進之新鮮空氣量而定。

至於當代盛行的分離式冷機，由於室內機與室內機分離，2 者相連的是冷媒，不是戶外空氣。因此，室內機是抽室內空氣進來熱交換變冷後再送回室內，即等同一般冷氣機之循環模式，其所達成之換氣率幾近於零。

在此要注意的是法規上所規定的換氣量主要是指「新鮮」空氣，即二氧化碳濃度在 300～400 ppm 之室外周界空氣，循環調節之送風量並不包含在內。當換氣量不足時，二氧化碳濃度將因蓄積而逐漸增加，具增加之情形可由(2-16)式推演而得。

$$V\frac{dC}{dt}=G+QC_{\text{input}}-QC \quad \text{(2-16)}$$

$$\downarrow \quad C=C_0 @ t=0$$

$$C=C_{\text{input}}+\frac{G}{Q}+[C_0-(\frac{G}{Q}+C_{\text{input}})]e^{-\frac{Q}{V}t} \quad \text{(2-17)}$$

$$\downarrow \quad C_0=C_{\text{input}}$$

$$C=C_{\text{input}}+\frac{G}{Q}(1-e^{-\frac{Q}{V}t}) \quad \text{(2-18)}$$

當 $t=0$ 時，

$$C=C_0=C_{\text{input}} \quad \text{(2-19)}$$

當 $t=\infty$ 時，

$$C=C_{\text{input}}+\frac{G}{Q} \quad \text{(2-20)}$$

## 練習範例

(　) 1. 作業場所空氣品質的好壞是以下列何種氣體之濃度作為判定之標準？(1)一氧化氮　(2)氧氣　(3)一氧化碳　(4)二氧化碳。【乙 3-399】

(　) 2. 勞工室內作業場所空氣中二氧化碳容許濃度為多少 ppm？ (1)100 (2)500 (3)1000 (4)5000。【乙 1-332】

(　) 3. 以作業場所整體換氣的角度而言，分離式冷氣機室內機的換氣效果如何？ (1)幾近於 0 (2)視作業場所氣積而定 (3)視冷氣機排氣量而定 (4)視視室內外溫差而定。【乙 3-398】

(　) 4. 依整體換氣基本原理，在穩定狀態(steady state)時，作業場所空氣中有害物濃度與下列哪些參數有關？ (1)有害物發散量 (2)換氣量 (3)作業場所氣積 (4)被排氣機輸入之空氣中有害物濃度。【乙 3-470】

(　) 5. 某作業場所有 30 人，每人平均 $CO_2$ 排放量為 0.03 $m^3/hr$，若 $CO_2$ 之容許濃度為 5000 ppm，而新鮮空氣中之 $CO_2$ 之濃度為 435 ppm，則作業場所每分鐘共需提供多少立方公尺之新鮮空氣才符合勞工作業場所容許暴露濃度？ (1)2.13 (2)2.86 (3)3.29 (4)4.93。【甲衛 3-245】

(　) 6. 室內作業環境空氣中二氧化碳最大容許濃度為 5000 ppm，而室外空氣中二氧化碳濃度平均為 350 ppm，有 100 名員工進行輕工作作業，其每人二氧化碳呼出量為 0.028 $m^3CO_2/hr$，若以室外空氣進行稀釋通風，試問其每分鐘所需之必要換氣量 $Q_1$？同理，若用不含二氧化碳之空氣進行稀釋通風，請問其每分鐘所需之必要換氣量 $Q_2$？請問下列選項何者為正確？ (1)$Q_1$ 約為 6 $m^3/min$ (2)$Q_1$ 約為 9 $m^3/min$ (3)$Q_1$ 約為 20 $m^3/min$ (4)$Q_2$ 約為 600 $m^3/min$。【甲衛 3-239】

7. 某一勞工工作場所以機械通風方式引進新鮮空氣。此新鮮空氣之二氧化碳濃度為 400 ppm，由工作場所回風之空氣，其二氧化碳濃度為 1,000 ppm。如欲使新鮮空氣及回風空氣混合後之二氧化碳濃度為 900

ppm，則新鮮空氣換氣量應為回風風量之多少百分比？（請列出計算過程）【2010-2#10】Ans：20%

8. 某事業單位計畫興建 4 層高廠房，試依下列廠房用途及相關法規規定，規劃通風換氣設施。（一）廠房 1 樓計畫做為一般辦公室使用，工作場所長、寬、高是 50 m*25 m*7 m，計畫安排 150 位勞工從事人事管理、會計及綜合規劃等工作。假設辦公室內二氧化碳產生量為 5 $m^3$/hr，室外二氧化碳濃度為 420 ppm，以舒適度考量，希望室內二氧化碳濃度不超過 1,200 ppm，則採機械通風設備換氣所需引進之室外空氣流量為若干 $m^3$/min？四捨五入至小數點後 1 位。（請按建議公式計算，否則不計分：Q =有害物產生量／濃度）【2019-2 甲衛 4.1】Ans：106.8

03
Chapter

# 局部排氣－氣罩

## 第一節　局部排氣裝置與使用時機

局部排氣裝置（local exhaust system，簡稱 LE）是指藉動力強制吸引並排出已經發散之有害物之設備，一般係由氣罩(hood)、吸氣導管(duct)、空氣清淨裝置(air cleaner)、排氣機(fan)、排氣導管及排氣口(stack)所構成。本章先行介紹氣罩部分，之後 3 章則分別介紹導管、空氣清淨裝置及排氣機。

一般而言，局部排氣裝置是在管理人員如設備工程師，或工業衛生師之協助或監督下，由機械或空調工程師設計完成，它必須符合法規在設施及有害物容許濃度標準等各方面之要求。有鑑於此，身為職業安全衛生專業人員，必須瞭解局部排氣裝置之基本設計原理及相關法規之規定，包括流體力學基本原理、現場作業程序與操作特性等，當然最重要的是要清楚瞭解可能危害勞工的有害物發生源特性，如此可使局部排氣裝置在最少的排氣量及能源消耗下，發揮最大的處理效能。另一方面，職業安全衛生專業人員也應具備檢測局部排氣裝置性能之能力，以便及早發現不正常操作現象，並採取必要之改善措施。

局部排氣裝置在許多方面優於整體換氣，由於它從有害物發生源附近即可移除有害物，從經濟的角度來看，它所需要的排氣量及排氣機動力會比整體換氣小。另一方面，由於導管中有害物之濃度較高，且排氣量較小，從經濟的考量上，在空氣清淨裝置部分也會比較划算。當然在使用局部排氣裝置前，應優先考慮能減少有害物發散量的方法，如改用危害較低之原料、改善或隔離製程等工程改善方法。

局部排氣裝置之使用時機，列舉如下：

1. 無其他更經濟有效之控制方法。
2. 環境測定或員工抱怨顯示空氣中存在有害物，其濃度會危害健康、有爆炸之虞、會影響產能或產生不舒服的問題。
3. 法規有規定需設置。目前在有機溶劑中毒預防規則、鉛中毒預防規則、四烷基鉛中毒預防規則、特定化學物質危害預防標準及粉塵危害預防標準等法規中皆有相關規定。
4. 預期可見改善之成效，包括產能及員工士氣之提升、廠房整潔等。
5. 有害物發生源很小、固定或有害物容易四處逸散。
6. 有害物發生源很靠近勞工呼吸區(breathing zone)。
7. 有害物發生量不穩定，會隨時間改變。

## 練習範例

(　) 1. 局部排氣裝置連接氣罩與排氣機之導管為下列何者？ (1)排氣導管 (2)主導管 (3)肘管 (4)吸氣導管。【乙 3-401】

(　) 2. 局部排氣裝置之排氣導管在排氣機與下列何者之間？ (1)氣罩 (2)空氣清淨裝置 (3)排氣口 (4)天花板回風口。【乙 3-400】

(　) 3. 廚房設置之排油煙機為下列何者？ (1)整體換氣裝置 (2)局部排氣裝置 (3)吹吸型換氣裝置 (4)排氣煙囪。【職安衛共同科目 94】

(　) 4. 局部排氣裝置之設計與使用時機，下列何項敘述不正確？ (1)從有害物發生源附近即可移除有害物，其所需要的排氣量及排氣機動力會比整體換氣大 (2)在使用局部排氣裝置前，應優先考慮能減少有害物發散量的方法 (3)作業環境監測或員工抱怨顯示空氣中存在有害物，其濃度會危害健康、有爆炸之虞 (4)法規有規定需設置，例如四烷基鉛中毒預防規則。【甲衛 3-258】

(　) 5. 有關局部排氣裝置之設計與使用時機，下列何項敘述不正確？ (1)有害物發生源很小、有害物容易四處逸散 (2)有害物發生源遠離勞工呼吸區(breathing zone) (3)有害物發生量不穩定，會隨時間改變 (4)預期可見改善之成效，包括產能及員工士氣之提升、廠房整潔等。【甲衛 3-259】

(　) 6. 依有機溶劑中毒預防規則規定，雇主使勞工以噴布方式於室內作業場所，使用第二種有機溶劑從事為黏接之塗敷作業，應於該作業場所設置何種控制設備？ (1)只限密閉設備 (2)密閉設備或局部排氣裝置 (3)密閉設備、局部排氣裝置或整體換氣裝置 (4)不用設置控制設備。【乙 1-284】

( ) 7. 依有機溶劑中毒預防規則之規定，使用二硫化碳從事研究之作業場所，可由下列何者擇一設置，作為工程控制之方式？ (1)密閉設備 (2)局部排氣裝置 (3)整體換氣裝置 (4)電風扇。【化測甲 1-177】

( ) 8. 依粉塵危害預防標準規定，雇主使勞工於室內從事水泥袋裝之處所，應採設備為何？ (1)設置密閉設備 (2)設置局部排氣裝置 (3)維持濕潤狀態 (4)設置整體換氣。【乙 1-300】

( ) 9. 依粉塵危害預防標準規定，使勞工於室內混合粉狀之礦物等、碳原料及含有此等物質之混入或散布之處所，下列何項不符合規定？ (1)設置密閉設備 (2)設置局部排氣裝置 (3)維持濕潤狀態 (4)整體換氣裝置。【甲衛 1-119】

( ) 10. 依粉塵危害預防標準規定，下列何項屬從事特定粉塵作業之室內作業場所，應設置之設施？ (1)密閉設備 (2)局部排氣裝置 (3)維持濕潤之設備 (4)整體換氣裝置。【甲衛 1-238】

11. 解釋名詞：局部排氣裝置。【1994 工安技師－工業安全管理實務, 1995 工安技師檢覈－工業安全管理實務, 2010-3 甲衛 4-1】

12. 依有機溶劑中毒預防規則規定，雇主對使用三氯乙烯之室內作業場所應設置局部排氣裝置，試問：(1)局部排氣裝置在設置時之相關規定為何？(2)依規定，此裝置每年須定期實施自動檢查 1 次，其檢查項目為何？【2010-1 甲衛 1】

13. (1) 依粉塵危害預防標準規定，雇主設置之局部排氣裝置，有關氣罩、導管、排氣機及排氣口之規定，分別為何？
 (2) 前項 4 種裝置中，哪一種有例外排除之規定？【2013-3#8】

14. 試說明局部排氣的原理、目的、構造組成與使用時機。【2017 地方特考三等工業安全－工業衛生概論 3】

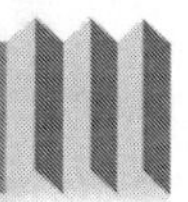

## 第二節　氣罩型式

氣罩是局部排氣裝置中，設於有害物發生源附近，用以有效捕集有害物，避免其逸散至作業環境中，或是到達勞工呼吸帶。由於氣罩是空氣進入局部排氣系統的入口，因此氣罩型式、規格設計與安裝位置都會直接影響整個局部排氣系統的功能及捕捉效率。

在《Industrial Ventilation-A Manual of Recommended Practice》2010 年第 27 版中，將氣罩型式分為 3 大類：包圍式(enclosing)、捕捉式(capturing)或外裝式(exterior)，以及接收式(receiving)，而在《Fundamentals of Industrial Hygiene》一書中，則是先分為兩大類：包圍式與外裝式，再把外裝式區分為捕捉式及接收式兩種。

包圍式與外裝式氣罩之差異，主要在於有害物發生源與氣罩之相對位置。包圍式指的是發生源位於氣罩的內部，即由氣罩包圍發生源；反之，外裝式氣罩指的是發生源位於氣罩外部，或是說氣罩裝設於發生源附近。而捕捉式與接收式氣罩之差異主要是在於有害物自發生源產生時，是否具有動力。一般而言，捕捉式氣罩的捕集對象無明顯動力，需由局部排氣裝置提供動力，使有害物進入氣罩中，這是一般較常見的氣罩型式。另一方面，接受式氣罩捕集的對象，是指具有動力的有害物，如加熱熔爐之熱煙具有往上之動力，而研磨機之磨屑則具有磨輪切線方向之動力。以下即分別介紹各式氣罩。

### 1. 包圍式氣罩

包圍式氣罩可根據其包圍程度及開口面數目分成完全包圍式、單面開口式及雙面開口式。完全包圍式在平常操作時未留開口，或僅留小面積開口，操作停止或進行維修時才會打開氣罩，如覆蓋型及手套箱型(glove hood)，及法規所稱之密閉式設備，這是有害物暴露量最低的形式。單面開口式，如一般實驗室之抽氣櫃(laboratory hood)及崗亭型(booth)噴塗室，雙面開口式之開口如在兩端，則稱隧道型，常應用在乾燥流程。

### 2. 外裝式氣罩

為配合製程需要，而無法裝設包圍式氣罩時，則使用外裝式氣罩。捕捉式氣罩根據其吸氣方向可區分為側邊(side-draft)，上方(freely suspended)及下方(down-draft)吸引式，而根據氣罩開口形狀可分成圓形、矩形、狹縫型、百葉型及格條型，其中狹縫型又稱槽溝型(slot)，指的是矩形氣罩開口展弦比(aspect ratio)，即長寬比小於 0.2。

### 3. 接收式氣罩

常見之接收式氣罩有兩種，其中一種利用有害物所具有的運動慣性，如研磨輪型氣罩(grinding wheel hood)，另一種類型利用有害物本身具有之熱浮力，如鎔爐等熱作業所用之懸吊式氣罩(canopy)。

### 4. 吹吸式(push-pull)氣罩

英國職業安全衛生署出版的 A guide to local exhaust ventilation（有中文翻譯：《局部排氣裝置指引》)，指出吹吸式氣罩是接收式氣罩的一種特殊型式。通常一端有吹氣口、另一端有吸氣氣罩。在吹氣口噴射出空氣，將風速很低或靜止的含有害物空氣，吹向吸氣氣罩。它適於下列情形：

(1) 密閉式或上方懸吊式氣罩會阻礙接近或干擾製程時。

(2) 作業員需要在會逸散有害物雲團的製程上方工作時。

(3) 槽體過大，致捕捉式氣罩之狹縫，無法控制含蒸氣或霧滴之有害物雲團時。

當有側風或製程組件會讓吹氣氣流轉向等情形時，吹吸型換氣裝置是不合適的。其設計原則及細節可參見原文或中文翻譯。

## 練習範例

( ) 1. 排氣量相同時，制控效果最好之局部排氣裝置氣罩為下列何者？ (1)手套箱式 (2)崗亭式 (3)外裝式 (4)吹吸式。【乙 3-404】

( ) 2. 有機溶劑作業設置之局部排氣裝置制控設施，氣罩之型式以下列何者控制效果較佳？ (1)包圍式 (2)崗亭式 (3)外裝式 (4)吹吸式。【甲衛 1-39】

( ) 3. 下列何種局部排氣裝置之氣罩性能最佳？ (1)包圍型氣罩 (2)外裝型側邊氣罩 (3)外裝型下方吸引式氣罩 (4)上方吹引式氣罩。【化測乙 1-2】

( ) 4. 下列何種型式的氣罩最不易受氣罩外氣流的影響？ (1)接收式 (2)外裝式下方吸引式 (3)外裝式側邊吸引式 (4)包圍式。【乙 3-405】

( ) 5. 非以濕式作業方法從事鉛、鉛混存物等之研磨、混合或篩選之室內作業場所依規定設置之局部排氣裝置，其氣罩應採用下列何種型式效果最佳？ (1)包圍型 (2)外裝型 (3)吹吸型 (4)崗亭型。【甲衛 1-49, 化測甲 1-126】

( ) 6. 理論上採用何種通風裝置能最經濟、有效移除熱源？ (1)包圍型氣罩 (2)整體換氣 (3)加裝電風扇 (4)外裝式氣罩。【物測甲 2-142】

( ) 7. 關於包圍式氣罩之敘述，下列何者不正確？ (1)將污染源密閉防止氣流干擾污染源擴散，觀察口及檢修點越大越好 (2)氣罩內應保持一定均勻之負壓，以避免污染物外洩 (3)氣罩吸氣氣流不宜鄰近物料集中地點或飛濺區內 (4)對於毒性大或放射物質應將排氣機設於室外。【甲衛 3-261】

( ) 8. 常用於乾燥流程的隧道型氣罩，屬下列何種氣罩？ (1)包圍式 (2)外裝式 (3)接收式 (4)吹吸式。【乙 3-403】

( ) 9. 下列何種作業設置局部排氣裝置為危害預防控制設施時，不得設置外裝型氣罩？ (1)岩石、礦物、碳原料之篩選條飾處所 (2)坑內岩石或礦石切斷之處所 (3)以動力粉碎、搗碎礦物、碳原料之處所 (4)翻砂工場砂模、拆除或除砂之處所。【化測甲 1-130】

( ) 10. 下列有關粉塵作業設置之局部排氣裝置之敘述何者有誤？ (1)排氣口應置於室外 (2)排氣機應置於空氣清淨機後之位置 (3)氣罩應使用外裝型 (4)氣罩宜設於每一粉塵發生源。【化測甲 1-132】

( ) 11. 下列有關粉塵作業之控制設施之敘述，何者有誤？ (1)整體換氣裝置應置於使排氣或換氣不受阻礙之處，使之有效運轉 (2)設置之濕式衝擊式鑿岩機於實施特定粉塵作業時，應使之有效給水 (3)局部排氣裝置應以外裝型為主 (4)維持濕潤狀態之設備於粉塵作業時，對該粉塵發生處所應保持濕潤狀態。【化測甲 1-133】

( ) 12. 關於外裝式氣罩之敘述，下列何者不正確？ (1)氣罩口加裝凸緣以提高控制效果 (2)頂蓬式氣罩可在罩口四周加裝檔板，以減少橫向氣流干擾 (3)頂蓬式氣罩擴張角度應大於 60°，以確保吸氣速度均勻 (4)在使用上及操作上，較包圍式氣罩更易於被員工接受。【甲衛 3-262】

( ) 13. 請問下列何項氣罩較不適合使用在生產設備本身散發熱氣流，如爐頂熱煙，或高溫表面對流散熱之情況？ (1)高吊式氣罩 (2)向下吸引式氣罩 (3)接收式氣罩 (4)低吊式氣罩。【甲衛 3-263】

(　) 14. 有機溶劑作業設置之局部排氣裝置控制設施，氣罩型式下列何者控制效果最差？ (1)包圍式 (2)崗亭式 (3)外裝式 (4)吹吸式。【化測甲 1-117】

(　) 15. 目前市售導煙機搭配廚房抽油煙機使用，此操作模式屬下列何種氣罩？ (1)包圍式 (2)外裝式 (3)接收式 (4)吹吸式。【乙 3-402】

16. 解釋名詞：外裝式氣罩。【2010 工礦衛生技師－作業環境控制工程】

17. 有毒、污染氣體或粉塵的工作場所必須排氣換氣以確保空氣品質低於容許暴露值(permissible exposure level, PEL)，請問：
    (1) 什麼是吸拉式(pull type)和呼推式(push type)？
    (2) 設計通風管道時，為何必須採行吸拉式而不能呼推式？【2016 高考三級工安－安管 1】

18. 有害物控制設備包括 A.包圍型氣罩、B.外裝型氣罩及 C.吹吸型換氣裝置。請問下列各圖示分屬上述何者？請依序回答。(本題各小項均為單選，答題方式如：(1)A、(2)B…)【2015-1#9】

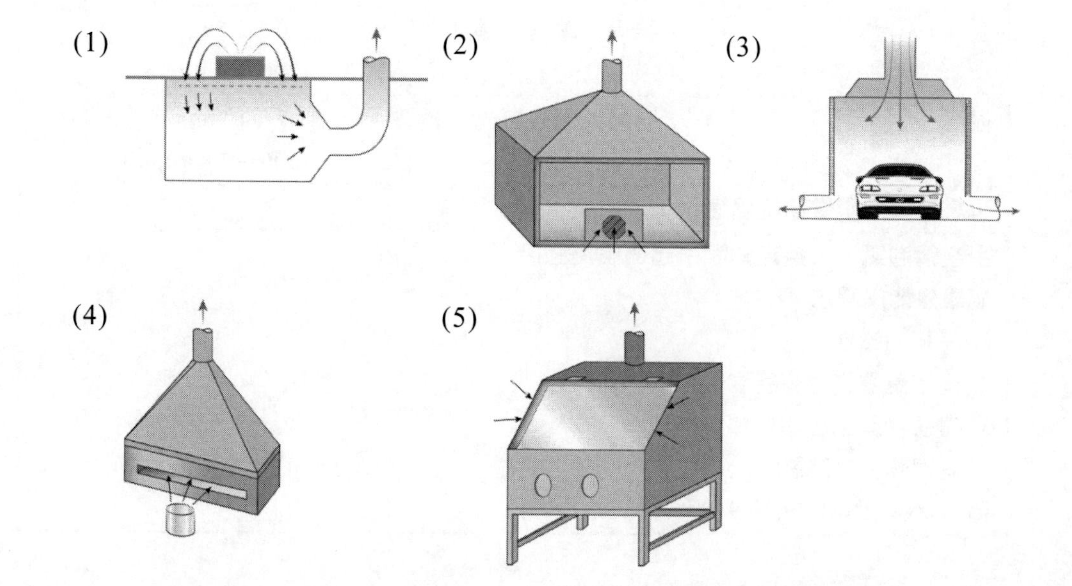

## 第三節　控制風速

設置局部排氣裝置之主要目的，便是要在有害物發生源所在之處，利用局部排氣裝置的抽引能力，將有害物抽除，以避免其發散至作業環境空氣中。為了要檢驗局部排氣裝置是否具備足夠之抽引能力，ACGIH 使用一重要名詞－捕捉風速(capture velocity)，其定義為由局部排氣裝置產生，足以捕捉有害物，並傳送至氣罩內之最小風速。ACGIH 並針對各種有害物散布特性，提出捕捉風速適用範圍之建議值，如表 3-1 所示，其範圍由 0.381 m/s 至 10 m/s 不等。

表 3-1　各種有害物散布特性之捕捉風速建議適用範圍(ACGIH, 2010)

| 有害物逸散時具備之能量 | 實例 | 捕捉風速建議範圍 |
| --- | --- | --- |
| 低 | 自儲槽蒸發蒸氣；脫脂 | 0.381～0.5 m/s<br>(75～100 fpm) |
| 一般 | 間歇式容器填充；低速輸送帶傳送；焊接；電鍍；酸洗 | 0.5～1.0 m/s<br>(100～200 fpm) |
| 高 | 裝桶；輸送帶傾卸；破碎 | 1.0～2.5 m/s<br>(200～500 fpm) |
| 很高 | 研磨；噴砂打光；轉磨 | 2.5～10 m/s<br>(500～2000 fpm) |
| 建議範圍內影響捕捉風速選定之因素： | | |
| 由空調進氣、人員走動等引起側風之強度<br>捕集效能之需求：<br>1. 有害物毒性<br>2. 同時暴露其他有害物<br>3. 有害物產生速率、揮發性<br>4. 有害物產生時間<br>另可參考 ANSI Z9.2-1979 | | |

在我國的相關法規中，相對於捕捉風速之名詞為控制風速，根據過去法規之定義，控制風速依氣罩型式而定，一般外裝型氣罩者係指氣罩吸引有害物之發散範圍內，距該氣罩開口面最遠距離之作業位置之風速，至於包圍型氣罩者係指氣罩開口任一點之最低風速。而另一重要說明是，此控制風速係指開放全部局部排氣裝置之氣罩時之控制風速。粉塵危害預防標準第 9 條則另行定義磨床、鼓式砂磨機等回轉機械之控制風速為此類回轉體於停止狀態下，其氣罩開口面之最低風速。

過去我國法規規定之控制風速在 0.4～5.0 m/s 之間，端視有害物本身特性及其散布特性而定，相關法規條文包括有機溶劑中毒預防規則第 12 條，以及粉塵危害預防標準第 7～9 條。惟目前所有與控制風速相關之條文皆已刪除。

有機溶劑中毒預防規則第 12 條原先所規定之控制風速是根據氣罩型式不同而有所差異，其中包圍型氣罩為 0.4 m/s，側邊或下方吸引式外裝型氣罩為 0.5 m/s，上方吸引式外裝型氣罩所規定之控制風速最高，為 0.8 m/s，吹吸型換氣裝置則另有規定，相關規定皆已刪除。

至於粉塵危害預防標準原先第 7～9 條之規定則較為詳細，其控制風速同時因粉塵發生源及氣罩型式之不同而有差異，相較於氣狀之有機溶劑，粒狀之粉塵需要較大之控制風速，例如第 8 條規定之包圍型氣罩就由有機溶劑之 0.4 m/s，增加為 0.7 m/s，側邊或下方吸引式外裝型氣罩增加為 1.0 m/s，上方吸引式外裝型氣罩則增加為 1.2 m/s，最高之控制風速則是針對未被完全包圍之回轉機械，高達 5.0 m/s，詳細規定目前皆已刪除。

另外，鉛中毒預防規則第 30 條原來是規定控制風速要在 0.5 m/s 以上，但此規定之局部排氣裝置控制風速能力，依勞委會勞工安全衛生研究所研究結果指出，控制風速與勞工暴露濃度間無顯著相關性，且不能反映局部排氣系統之性能。國外法規亦未規定控制風速。另依「勞工作業環境測定辦法」規定事業單位應擬訂採樣策略，實施作業環境測定，以評估勞工暴露狀況並採取適當措施。所以原來的條文以控制風速及氣罩外側之抑制濃度來評估通風設備，並無法確保勞工之鉛暴露合於法令規定，且無法評估勞工實際暴露情形，因此在民國 91 年 8 月 30 日第一次修正中，將上述條文修正為「應於鉛作業時間內有效運轉，並降低空氣中鉛塵濃度至勞工作業環境空氣中有害物容許濃度標準以下。」詳細規定請參閱附錄 A 第五節。

至於特定化學物質危害預防標準第 17 條也有類似的情況，原來規定之控制風速是依有害物狀態不同而有差異：氣體、蒸氣等氣狀有害物為 0.5 m/s，粉塵、纖維、燻煙、霧滴等粒狀有害物則提高為 1.0 m/s，並有氣罩外側測點之特定化學物質抑制濃度之規定。由於有害物作業勞工暴露之評估標準，已於「空氣中有害物容許濃度標準」規定，另依「勞工作業環境測定辦法」規定事業單位應擬訂採樣策略，實施作業環境測定，以瞭解勞工暴露狀況。上述條文以控制風速及氣罩外側之抑制濃度來評估通風設備，無法掌握勞工實際暴露情形，因此於 90 年 12 月 31 日修正時，將上述條文刪除，並增列「有效運轉，降低空氣中有害物濃度」，強調事業單位對於特定化學物質暴露評估仍應依相關規定辦理。

## 練習範例

(　) 1. 包圍型氣罩捕捉風速係指下列何者？ (1)氣罩開口面之平均風速 (2)氣罩開口面之最大風速 (3)氣罩開口面之最低風速 (4)氣罩與導管連接處之平均風速。【甲衛 3-254】

2. 解釋下列名詞：控制風速。【2012 工礦衛生技師－作業環境控制工程 1.3】

# 第四節 排氣量

## 一、外裝式氣罩

在根據法規及實際需要決定控制風速或捕捉風速後，即可配合氣罩型狀及位置決定排氣量。對於一般外裝式氣罩而言，其排氣量可由下式推估：

$$Q = v(10X^2 + A) \quad \text{(3-1)}$$

其中，$Q$ 為排氣量($m^3/s$)，
$v$ 為捕捉風速(m/s)，
$X$ 為捕捉點與氣罩開口面之垂直距離(m)，
$A$ 為氣罩開口面積($m^2$)。

此式適用於當 $X$ 小於氣罩開口特性長度（如圓形氣罩直徑或方形氣罩邊長）之 1.5 倍時，且矩形氣罩開口展弦比(W/L)大於 0.2 時。

如果此氣罩置於工作台或地板上，則所需排氣量減少為

$$Q = v(5X^2 + A) \quad \text{(3-2)}$$

當展弦比小於 0.2 時，此時之開口稱為狹縫(slot)，其流場特性將不同於一般氣罩，此時排氣量依下列經驗式推估：

$$Q = 3.7LvX \quad \text{(3-3)}$$

其中，$L$ 為狹縫長度(m)。

為提高有害物之捕捉效率，減低所需排氣量，氣罩開口四周可加裝凸緣（flange，俗稱法蘭），其寬度一般是氣罩開口或狹縫面積之平方根值。凸緣可阻隔來自氣罩開口後方之氣流，因此可減少所需排氣量，通常可減少約 25%，因此加裝凸緣之氣罩排氣量約為原來的 75%，即具凸緣之一般氣罩，其排氣量由(3-1)式減少為

$$Q = 0.75v(10X^2 + A) \quad \text{(3-4)}$$

至於狹縫式氣罩之排氣量則由(3-3)式減少為

$$Q = 2.8LvX \quad \text{(3-5)}$$

其中 $2.8 = 3.7 \times 0.75$。

## 二、包圍式氣罩

包圍式氣罩排氣量之推估值則為氣罩開口面積與氣罩開口面平均風速之乘積，以崗亭式氣罩為例，其排氣量為：

$$Q = vA = vWH \quad \text{(3-6)}$$

其中，$v$ 為氣罩開口面平均風速(m/s)，
$A$ 為氣罩開口面積($m^2$)，
$W$ 為氣罩開口寬度(m)，
$H$ 為氣罩開口高度(m)。

如果下方吸引式氣罩直接與工作台面相連，即氣罩所吸引之空氣完全經由工作台面時，其排氣量可根據(3-6)式推估。

如果氣罩未與工作台面直接相連，即氣罩所吸引之空氣一部分經由工作台面，一部分經由工作台面旁側，則其排氣量推估，比照(3-1)式。

## 三、懸吊式氣罩

一般常溫情況下，即有害物發生源不是熱源時，懸吊式氣罩之排氣量由下式推估：

$$Q = 1.4PHv \quad \text{(3-7)}$$

其中，$P$ 為作業面周長(m)，

$H$ 為作業面與氣罩開口面之垂直高度差(m)，

$v$ 為捕捉風速，一般應在 0.25～2.5 m/s 之間。

為加強捕集效果，常會在氣罩下加裝塑膠布幕或圍板，如果圍兩面，則懸吊式氣罩變成包圍式，其排氣量改為

$$Q = (W + L)Hv \quad \text{(3-8)}$$

其中，$W$ 及 $L$ 為開口面之邊長。

如果圍了三面，僅留一面進行操作，則形成崗亭式，則排氣量推估值變成：

$$Q = WHv \text{ 或 } LHv \quad \text{(3-9)}$$

各種氣罩排氣量之推估值如表 3-2 所示。

表 3-2　各種氣罩排氣量之推估值(ACGIH, 2010)

| 氣罩型式 | 規格說明 | 排氣量, Q, $m^3/s$ |
|---|---|---|
| 單一狹縫式 | 展弦比($W/L$)小於 0.2 | $3.7LvX$ |
| 有凸緣之單一狹縫式 | 凸緣寬度 $\geq \sqrt{WL}$ | $2.8LvX$ |
| 外裝型及多狹縫式 | 展弦比大於 0.2 或圓形 | $v(10X^2+A)$ |
| 外裝型及多狹縫式 | 設於工作台上或地板上 | $v(5X^2+A)$ |
| 有凸緣之外裝型及多狹縫式 | 凸緣寬度 $\geq \sqrt{A}$ | $0.75v(10X^2+A)$ |
| 崗亭式 | 規格配合作業需要 | $vA = vWH$ |
| 懸吊式 | 氣罩斜角 ≥ 45 度，<br>氣罩凸出作業面距離<br>$=0.4D$ | $1.4PvD$ |

參數說明：

| | |
|---|---|
| $W$ = 氣罩或狹縫開口短邊長度, m | $A$ = 氣罩開口面積, $m^2$ |
| $L$ = 氣罩或狹縫開口長邊長度, m | $H$ = 崗亭式高度, m |
| $v$ = 在 $X$ 點之捕捉風速, m/s | $P$ = 作業面周長, m |
| $X$ = 捕捉點距離, m | $D$ = 氣罩與作業面高度差, m |

## 四、高溫操作氣罩

在高溫操作，如操作熔爐時，因為熱效應使熱空氣具有 2 m/s 之上升速度，在熱空氣上升的過程中，會和周圍冷空氣混合，使此空氣柱直徑及流率增加，且變稀薄。其排氣量之推估與一般常溫或低溫操作不同，且依氣罩形狀及安裝位置有所差異，茲說明如下：

### (一) 高吊式圓形氣罩

熱源依產生之煙流狀況如圖 3-1 所示。其中 Z 值可以下式推估：

$$Z = 2.59D_S^{1.138} \quad \text{(3-10)}$$

其中，$Z$ 為虛擬點源至熱源表面之距離(m)，

$D_S$ 為熱源表面直徑(m)。

煙柱直徑由下式推估：

$$D_C = 0.434 X_C^{0.88} \qquad (3\text{-}11)$$

其中，$D_C$ 氣罩開口面之煙柱直徑(m)，

$X_C$ 為虛擬點源至氣罩開口面之距離(m)，

$Y$ 為熱源表面至氣罩開口面之距離(m)，

$Z$ 為虛擬點源至熱源表面之距離(m)。

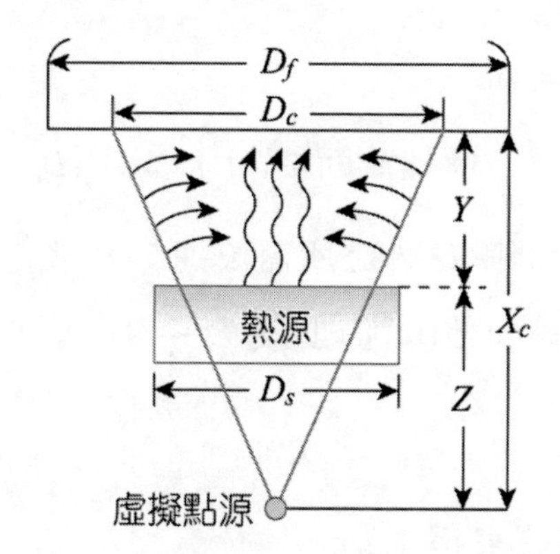


圖 3-1 熱源高吊式氣罩設計規格

上升煙流之流速可由下式推估：

$$v_f = 0.085(A_S)^{0.33}\frac{(\Delta T)^{0.42}}{X_C^{0.25}} \qquad (3\text{-}12)$$

其中，$v_f$ 為煙流上升速率(m/s)，

$A_S$ 為熱源表面積($m^2$)，即 $\frac{\pi}{4}D_S^2$。

$\Delta T$ 為熱源與周界溫差(°C，K)。

為有效捕集此上升煙柱，氣罩直徑應大於煙柱之直徑，其設計值為：

$$D_f = D_C + 0.8Y \quad \text{(3-13)}$$

其中，$D_f$為氣罩開口直徑(m)。氣罩總排氣量可以下式推估：

$$Q_t = v_f A_C + v_r(A_f - A_C) \quad \text{(3-14)}$$

其中，$Q_t$ 為總排氣量($m^3/s$)，
$v_f$ 為煙流上升流速(m/s)，
$A_C$ 為氣罩開口面之煙柱截面積($m^2$)，即$\frac{\pi}{4}D_C{}^2$，
$v_r$ 為氣罩開口面除 $A_C$ 外之所需風速，通常為 0.5 m/s，
$A_f$ 為氣罩開口總面積($m^2$)，此處為$\frac{\pi}{4}D_f{}^2$。

**範例** 已知條件：熔爐直徑 1.2 m，
熔爐溫度 525 °C，
周界溫度 25 °C，
氣罩與熔爐高度差 3 m，
求 $Q_t$？

**解：**

$$Z = 2.59 D_S{}^{1.138} = 2.59 \times 1.2^{1.138} = 3.19\ \text{m}$$
$$X_C = Y + Z = 3 + 3.19 = 6.19\ \text{m}$$
$$D_C = 0.434 X_C{}^{0.88} = 0.434 \times 6.19^{0.88} = 2.16\ \text{m}$$
$$A_S = \frac{\pi}{4}D_S{}^2 = \frac{\pi}{4}\times 1.2^2 = 1.13\ \text{m}^2$$

$$v_f = 0.085(A_S)^{0.33}\frac{(\Delta T)^{0.42}}{X_C^{\ 0.25}} = 0.085\times(1.13)^{0.33}\times\frac{(525-25)^{0.42}}{6.19^{0.25}} = 0.763\ \text{m/s}$$

$$A_C = \frac{\pi}{4}D_C^{\ 2} = \frac{\pi}{4}(2.16)^2 = 3.65\ \text{m}^2$$

$$D_f = D_C + 0.8Y = 2.16 + 0.8\times 3 = 4.56\ \text{m}$$

$$A_f = \frac{\pi}{4}D_f^{\ 2} = \frac{\pi}{4}(4.56)^2 = 16.31\ \text{m}^2$$

$$Q_t = v_f A_C + v_r(A_f - A_C) = 0.763\times 3.65 + 0.5\times(16.31-3.65) = 9.11\ \text{m}^3/\text{s}$$

## （二）高吊式矩形氣罩

熱源如為矩形，則氣罩也應選擇矩形，此時上升煙流亦假設以此矩形型式往上擴散，因此需分別計算矩形兩邊長所衍生之虛擬點源位置，即計算 $X_C$ 值。由於總排氣量與煙柱流速有關，而根據(3-12)式，此流速與 $X_C$ 成反比，因此應選擇由兩邊長計算所得之 $X_C$ 值中之較小值，以得到較高之流速值及排氣量，如此較能擔保氣罩之捕集效率。

**範例** 已知矩形熔爐長 1.2 m，寬 0.75 m，
熔爐溫度 370 °C，
周界溫度 20 °C，
氣罩與熔爐距離 2.5 m，
求 $Q_t$？

**解：**

$$X_{C0.75} = Y + Z_{0.75} = Y + 2.59(D_{S0.75})^{1.138} = 2.5 + 2.59\times(0.75)^{1.138} = 4.37\ \text{m}$$

$$X_{C1.2} = 2.5 + 2.59\times(1.2)^{1.138} = 5.69\ \text{m}$$

$$D_{C0.75} = 0.434X_{C0.75}^{\ \ 0.88} = 0.434\times(4.37)^{0.88} = 1.59\ \text{m}$$

$$D_{C1.2}=0.434X_{C1.2}^{\ 0.88}=0.434\times(5.69)^{0.88}=2.00\ \text{m}$$

$$v_f=0.085(A_S)^{0.33}\frac{(\Delta T)^{0.42}}{X_C^{\ 0.25}}=0.085\times(0.75\times1.2)^{0.33}\times\frac{(370-20)^{0.42}}{4.37^{0.25}}=0.652\ \text{m/s}$$

氣罩長度，$L=D_{C1.2}+0.8Y=2.00+0.8\times2.5=4.00\ \text{m}$

氣罩寬度，$W=D_{C0.75}+0.8Y=1.59+0.8\times2.5=3.59\ \text{m}$

$$A_C=D_{C1.2}\times D_{C0.75}=2.00\times1.59=3.18\ \text{m}^2$$

$$A_f=L\times W=4.00\times3.59=14.36\ \text{m}^2$$

$$Q_t=v_f\cdot A_C+v_r(A_f-A_C)=0.652\times3.18+0.5\times(14.36-3.18)=7.66\ \text{m}^3/\text{s}$$

## （三）低吊式氣罩

如果氣罩開口面與熱源距離未超過熱源直徑或 0.9 公尺，則此氣罩歸類為低吊式，此時上升之熱氣流在進入氣罩時，尚未明顯擴散，因此氣罩直徑或邊長只要超出熱源規格 0.3 公尺即可，圓形低吊式氣罩之排氣量為：

$$Q_t=0.045D_f^{\ 2.33}\Delta T^{0.42} \quad \text{(3-15)}$$

其中，$Q_t$ 為總排氣量(m$^3$/s)，

$D_f$ 為氣罩直徑(m)，

$\Delta T$ 為熱源與周界溫差(°C, K)。

矩形低吊式氣罩之排氣量為：

$$Q_t=0.06(Lb)^{1.33}\Delta T^{0.42} \quad \text{(3-16)}$$

其中，$Q_t$ 為總排氣量($m^3/s$)，

$L$ 為氣罩長度(m)，

$b$ 為氣罩寬度(m)，

$\Delta T$ 為熱源與周界溫差(°C, K)。

## （四）小規模熱源之通風控制

美國 NIOSH 研究人員 McKernan 等人，重新研究小規模熱源之煙柱規模與煙流特性，其研究所得之公式主要發表於 2007 年的期刊，也被納入 2010 年第 27 版的《工業通風》一書中。其中 Z 值、煙柱直徑 $D_C$ 及上升煙流之流速 $v_f$ 等三項皆與前述高吊式氣罩有所出入。上述(3-10)式、(3-11)式，及(3-12)式分別改寫為(3-17)式、(3-18)式及(3-19)式：

$$Z = 1.36 {D_S}^{1.16} \quad \text{(3-17)}$$

$$D_C = 0.762 {X_C}^{0.86} \quad \text{(3-18)}$$

$$v_f = \frac{3.69}{{X_C}^{0.29}} \left(\frac{A_S H}{T_\infty}\right)^{0.33} \quad \text{(3-19)}$$

其中：$Z$ 為熱源與虛擬點源之距離(m)，

$D_S$ 為熱源表面直徑(m)，

$D_C$ 為氣罩開口面之煙柱直徑(m)，

$X_C$ 為虛擬點源至氣罩開口面之距離(m)，

$v_f$ 為煙柱上升速率(m/s)，

$A_S$ 為熱源表面積($m^2$)，

$H$ 為單位面積熱源之功率，或總熱通量($W/m^2$)，

$T_\infty$ 為周界溫度(K)。

在(3-19)式中，$H$ 之計算公式為：

$$H = 6.623 \times 10^{-8}(T_S{}^4 - T_\infty{}^4) + 1.517(\Delta T)^{1.33} \quad \text{(3-20)}$$

其中：$T_S$ 為熱源溫度(K)，
$T_\infty$ 為周界溫度(K)，
$\Delta T$ 為熱源與周界溫差(K)。

氣罩開口面之煙柱截面積，$A_C$(m$^2$)，之計算式如下所示：

$$A_C = \frac{\pi D_C{}^2}{4} = \frac{\pi(0.762X_C{}^{0.86})^2}{4} = 0.456X_C{}^{1.72} \quad \text{(3-21)}$$

氣罩開口面之煙柱流率 $Q$(m$^3$/s)為煙柱上升速率與截面積之乘積，計算式如下所示：

$$Q = v_f A_C = 0.169X_C{}^{1.43}(\frac{A_S H}{T_\infty})^{0.33} \quad \text{(3-22)}$$

## 練習範例

(　) 1. 對於方形抽氣口，離其開口中心 1 倍邊長處之風速，約會降為該抽氣口表面風速的幾分之一？ (1)2 (2)4 (3)10 (4)20。【乙 3-406】

(　) 2. 氣罩開口設置凸緣(flange)，最多可增加多少%之抽氣效率？ (1)25 (2)50 (3)60 (4)75。【甲衛 3-252】

(　) 3. 下列哪些措施可以提昇通風換氣效能？ (1)吹吸式氣罩改為外裝式氣罩 (2)包圍式氣罩改裝為捕捉式氣罩 (3)縮短抽氣口與有害物發生源之距離 (4)氣罩加裝凸緣(flange)。【乙 3-471】

( ) 4. 關於氣罩之敘述，下列何者不正確？ (1)包圍污染物發生源設置之圍壁，使其產生吸氣氣流引導污染物流入其內部之局部排氣裝置之入口部分 (2)外裝式氣罩可以裝設凸緣(flange)以增加抽氣風速，但狹縫型氣罩無法加裝凸緣 (3)某些氣罩設計具有長而狹窄的狹縫 (4)即使是平面的管道開口也可稱為氣罩。【甲衛 3-255】

( ) 5. 有一酸洗槽上有懸吊式氣罩，酸洗槽作業面周長 18 公尺，其與氣罩間垂直高度差為 3 公尺，若氣罩寬 3.75 公尺，長 6 公尺，捕捉風速平均為 7.5 m/s，其理論排氣量為 X。若其為加強捕集效果，在氣罩下多加 3 片塑膠板，圍住 3 面，僅餘一長面操作，則理論排氣量為 Y。請問下列何者正確？ (1)X<Y (2)X=Y (3)Y=135 $m^3/s$ (4)X=844 $m^3/s$。【甲衛 3-264】

6. 在一般工作場所中，下列數值增加後，工作者安全衛生條件或該安全衛生設施之效能會變好或變差？（四）外裝式氣罩與有害物發生源之距離。【2018-1#9】

7. 某一外裝型氣罩之開口面積($A$)為 1 平方公尺，控制點與開口距離($X$)為 1 公尺。今將氣罩開口與控制點之距離縮短為 0.5 公尺，則風量($Q$)可減為原來之幾倍時，仍可維持控制點原有之吸引風速($v$)？（參考公式 $Q=v(10X^2+A)$）（請列出計算過程）【2011-2#10】Ans：3.5/11

8. 某汽車車體工廠使用第二種有機溶劑混存物，從事烤漆、調漆、噴漆、加熱、乾燥及硬化作業，若噴漆作業場所設置側邊吸引式外裝氣罩式局部排氣裝置為控制設備，該氣罩的長為 40 公分、寬為 20 公分，距離噴漆點的距離為 20 公分、風速為 0.5 m/s，請問該氣罩應吸引之風量為多少 $m^3/min$？（請列出計算式，提示：$Q=60V_c(5r^2+LW)$）【2013-3 甲衛 5】Ans：8.4

9. （一）某有機溶劑作業場所桌面上設有一側邊吸引式外裝型氣罩，長及寬各為 40 公分及 20 公分。作業點距氣罩 20 公分，該處之風速為

0.5 m/s，試計算該氣罩對作業點之有效吸引風量為何？公式提示：1 $Q = V_c(5X^2 + L \cdot W)$【2017-3 甲衛 5】Ans：8.4m³/min

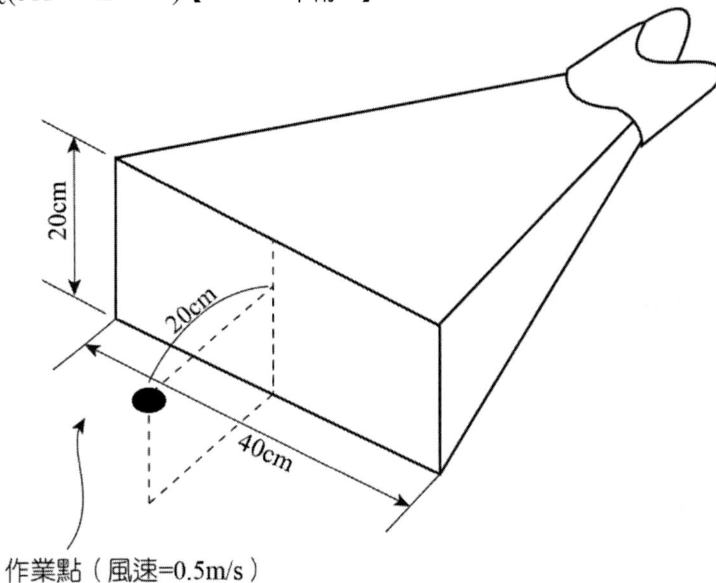


10. 請列出以下氣罩型式排氣量之估計公式。（單選，請以（一）A、（二）B…方式作答）

| | |
|---|---|
| （一）單一狹縫式 | A. $0.75v(10X^2 + A)$ |
| （二）外裝型 | B. 1.4PvX |
| （三）有凸緣之外裝型 | C. 2.6 LvX |
| （四）崗亭式 | D. 3.7 LvX |
| （五）懸吊式 | E. $v(5X^2 + A)$ |
| | F. $v(10X^2 + A)$ |
| | G. vA |

各公式的代號：v 為捕捉點風速，X 為氣罩開口與捕捉點距離，A 為氣罩開口面積，P 為作業面周長，L 為氣罩開口長邊邊長。【2018-3 #9】

11. 某鋼鐵廠內有 A、B、C 三座鄰近之相同尺寸長方形熔爐，長及寬分別皆為 2 m 及 1.5 m，熔爐溫度分別為 800、650、580°C，環境周界平均

溫度為 $30^{o}C$，在各熔爐上方均有設置懸吊型矩形氣罩，分別與熔爐高度差 0.8、0.65、0.5 m，若三座懸吊型矩形氣罩共管連接至同一排氣系統，且互不干擾個別抽氣效率及不考慮共管抽氣壓力損失，請挑選下列適合且正確之公式計算各子題。

公式一：$Q = (W+L)HV$

公式二：$Q = 0.06(LW)^{1.33}(\Delta T)^{0.42}$

公式三：$Q = 0.045(D)^{2.33}(\Delta T)^{0.42}$

公式四：$Q = 1.4PHV$

公式五：$Pwr = Q*FTP/(6120*\eta)$

其中 Q：排氣流率；H：作業面與氣罩開口面之垂直高度差；V：捕捉風速；P：作業面周長；W：氣罩寬度；L：氣罩長度；D：氣罩直徑；ΔT：溫度差；Pwr：排氣扇動力；FTP：排氣扇總壓；η：排氣扇機械效率。

(1) 請問 A、B、C 三座長方形熔爐之理論排氣流率各為多少 $m^3/min$？請列出計算式。Ans：388、355、337

(2) 若排氣系統之排氣扇機械效率為 0.65，連接排氣扇進口之總壓為-80 $mmH_2O$，連接排氣扇出口之總壓為 45 $mmH_2O$，請問排氣機所需理論動力為多少 kW？請列出計算式。Ans：33.9【2018 工礦衛生技師-環控 1】

## 第五節 定期自動檢查

局部排氣裝置依法應實施定期自動檢查，勞工安全衛生組織管理及自動檢查辦法第 40 條規定：雇主對局部排氣裝置、空氣清淨裝置及吹吸型換氣裝置應每年依下列規定定期實施檢查 1 次：

1. 氣罩、導管及排氣機之磨損、腐蝕、凹凸及其他損害之狀況及程度。
2. 導管或排氣機之塵埃聚積狀況。
3. 排氣機之注油潤滑狀況。
4. 導管接觸部分之狀況。
5. 連接電動機與排氣機之皮帶之鬆弛狀況。
6. 吸氣及排氣之能力。
7. 設置於排放導管上之採樣設施是否牢固、鏽蝕、損壞、崩塌或其他妨礙作業安全事項。
8. 其他保持性能之必要事項。

至於雇主對局部排氣裝置或除塵裝置，於開始使用、拆卸、改裝或修理時，應依上述法規之第 47 條規定實施重點檢查：

1. 導管或排氣機粉塵之聚積狀況。
2. 導管接合部分之狀況。
3. 吸氣及排氣之能力。
4. 其他保持性能之必要事項。

基於以上這兩條有關局部排氣定期檢查及重點檢查之規定，主要是提綱契領式地提出檢查內容，至於詳細之檢查基準，可參考勞委會所定之「局部排氣裝置定期檢查基準及其解說」，此基準詳列應置備之檢查儀器及設備、檢查項目、檢查方法及判定基準。

另外，針對有機溶劑作業、鉛作業、四烷基鉛作業、特定化學物質作業及粉塵作業等 5 種有害物作業，於第 4 章自動檢查第 5 節作業檢點之第 69 條規定，雇主使勞工從事此 5 種有害物作業時，應使該勞工就其作業有關事項實施檢點。而粉塵危害預防標準第 19 條也規定，對粉塵作業場所實施通風設備運轉狀況、勞工作業情形、空氣流通效果及粉塵狀況等應隨時確認，並採取必要措施。實務上，空氣流通效果之確認方式之一，可利用發煙管觀測氣流流向。

## 練習範例

(　) 1. 依職業安全衛生管理辦法規定，局部排氣裝置應多久實施定期自動檢查 1 次？ (1)每季 (2)每 6 個月 (3)每年 (4)每 2 年。【乙級 1-106, 甲衛 1-188, 化測甲 1-120】

(　) 2. 下列有關粉塵作業之控制設施之敘述，何者有誤？ (1)整體換氣裝置應置於排氣或換氣不受阻礙之處，使之有效運轉 (2)設置之濕式衝擊式鑿岩機於實施特定粉塵作業時，應使之有效給水 (3)局部排氣裝置依規定每 2 年定期檢查 1 次 (4)維持濕潤狀態之設備於粉塵作業時，對該粉塵發生處所應保持濕潤狀態。【甲衛 1-117】

(　) 3. 依職業安全衛生管理辦法規定，下列哪些機械、設備於開始使用時須實施重點檢查？ (1)捲揚裝置 (2)第一種壓力容器 (3)除塵裝置 (4)整體換氣裝置。【乙 1-351】

(　) 4. 依職業安全衛生管理辦法規定，雇主對局部排氣裝置，應於下列何種時機實施重點檢查？ (1)開始使用 (2)修理 (3)拆卸 (4)改造。【物測甲 1-122, 物測乙 1-147】

(　) 5. 雇主對局部排氣裝置或除塵裝置，於開始使用、拆卸、改裝或修理時，依職業安全衛生管理辦法規定實施重點檢查，以下何項敘述不正確？ (1)檢查導管或排氣機粉塵之積聚狀況 (2)檢查導

管接合部分之狀況 (3)檢查吸氣及排氣之能力 (4)改用危害較低之原料、改善或隔離製程等工程改善方法。【甲衛 3-260】

( ) 6. 設置之局部排氣裝置依有機溶劑中毒預防規則或職業安全衛生管理辦法之規定，應實施之自動檢查不包括下列何種？ (1)每年之定期自動檢查 (2)開始使用、拆卸、改裝或修理時之重點檢查 (3)作業勞工就其作業有關事項實施之作業檢點 (4)輸液設備之作業檢點。【甲衛 1-37】

( ) 7. 下列何者可協助辨認風向？ (1)卡達溫度計 (2)檢知管 (3)發煙管 (4)熱偶式風速計。【物測乙 2-172】

( ) 8. 一般市售觀察氣流用的發煙管，如果管內試劑是紅棕色，則其發散的煙霧主要成分為下列何者？ (1)硫酸 (2)氫氧化鈦 (3)氯化銨 (4)氫氧化錫。【乙 3-394】

9. 丙公司製造一課從事甲苯作業，請製作一份實施局部排氣裝置的定期檢查表。【2010-2#5】

10. 請製作局部排氣裝置氣罩之吸氣能力測定紀錄表。【2011-1#9】

11. 局部排氣系統應如何實施自動檢查，請就其檢查的內容方法與頻率說明之。【2012 工礦衛生技師－衛生管理實務 5】

12. 依職業安全衛生管理辦法規定，對局部排氣裝置、空氣清淨裝置及吹吸型換氣裝置，應每年定期實施檢查 1 次，請列舉 6 項檢查項目以保持其性能。【2017-2 甲衛#4】

13. 現行職業安全衛生相關法規中，對於通風設施之管理可概分為設置、性能要求與使用管理等面向，這些預防標準 40 年來依據法規原則及產業狀況需要進行調整，請說明如何做策略上的修正，可讓職業衛生專業依據作業環境現場狀況，採取彈性措施達到法規保護勞動工作者之目的。【2017 高考三級工業安全－工業衛生概論 3】

04

Chapter

# 局部排氣－導管

空氣中有害物自氣罩收集後，藉由排氣機之抽引，即經由導管流向空氣清淨裝置及排氣口，在整體換氣過程中，導管亦扮演一種運送空氣及有害物的角色。對各種通風裝置而言，導管部分最需注意的是其在廠區之配置方式，以及其所導致的壓力損失大小，以及導管中的流速是否能有效運送有害物，避免粉塵堆積於管道中。為瞭解導管中氣流流動特性，首先應先瞭解基本之流體力學原理，本章即由此基本原理開始，依序介紹導管中之各類型壓力損失，以及設計配置時應注意事項。

## 第一節　基本原理

導管中氣流的流動可由流體力學兩個基本定律來描述，即質量守恆與能量守恆。在應用這兩個定律之前，通常可以先用下列 4 個假設來簡化氣流溫度、濕度、密度及流量之變化：

1. **假設導管管壁無熱傳現象**：因為在一般情況下，管壁內外溫差不大，當管壁內外溫差很大時，將產生熱傳現象，使導管中氣流之溫度改變，如此氣流密度與流量都會改變。

2. **假設導管中氣流為不可壓縮氣流**：因為一般導管中壓差不大，當壓差達 50 $cmH_2O$ 時，氣流密度將有 5%變化，如此氣流流量會改變。

3. **假設氣流為不含水蒸汽的乾燥氣流**：因為水蒸汽會降低氣流密度，當氣流含水蒸汽時，應以濕度表(Psychrometric chart)校正氣流密度。

4. **假設氣流中之有害物體積與質量可忽略**：此假設適用於一般作業環境中，但當有害物的濃度高到可影響氣流密度時，則需進行校正。

在流體力學中，質量守恆定律與能量守恆定律可分別以連續方程式(continuity equation)與伯努利方程式(Bernoulli's equation)表示。

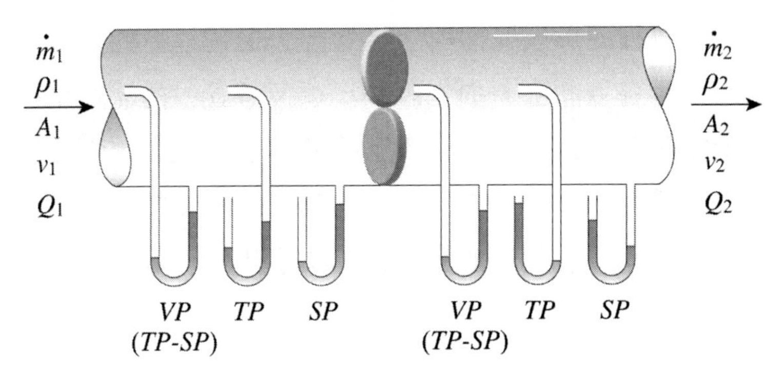


圖 4-1　導管質量流率及風扇前後壓力變化情形

## 一、伯努利方程式、靜壓、動壓與全壓

在不可壓縮流體(incompressible fluid)系統中，若忽略能量的損耗，單位體積流體的能量守恆方程式可表示為：

$$P+\rho\frac{v^2}{2}+\rho gh=\text{定值} \quad \text{(4-1)}$$

其中，$P$ 為壓力，$g$ 為重力加速度，$h$ 為相對於某參考點的高度，(4-1)式即為伯努利方程式之基本形式。由於(4-1)式中各項均使用壓力單位，於是可定義靜壓(static pressure, $SP$)為：

$$SP = P \qquad (4\text{-}2)$$

及動壓(velocity pressure, *VP*)為：

$$VP = \rho \frac{v^2}{2} \qquad (4\text{-}3)$$

在一般通風裝置中，通常以毫米水柱($mmH_2O$)為壓力單位（相當於 $kg/m^2$），且在一般溫濕度及大氣壓力（即 20°C，70%相對濕度，一大氣壓力）下，空氣密度為 1.2 $kg/m^3$，因此根據(4-3)式可得動壓與風速（單位為 m/s）的關係為：

$$v(\text{m/s}) = 4.04\sqrt{VP(\text{mmH}_2\text{O})} \qquad (4\text{-}4)$$

或

$$VP(\text{mmH}_2\text{O}) = [\frac{v(\text{m/s})}{4.04}]^2 \qquad (4\text{-}5)$$

有關此公式的由來及其單位換算，請參閱附錄 C。

另定義一全壓(total pressure)為：

$$TP = SP + VP \qquad (4\text{-}6)$$

也就是靜壓與動壓之和，圖 4-1 所示即為以水柱管量測靜壓、動壓與全壓的方式。為便利使用，在此所謂的壓力都是指相對於大氣的壓力，正值代表導管內壓力值大於導管外空氣壓力，此時導管內成正壓狀態；負值代表導管內的壓力值小於導管外空氣壓力，此時導管成負壓狀態。

在一般局部排氣導管中，因空氣密度甚低，造成 $\rho gh$ 值不大，因此高度效應可予以忽略。於是在單一導管中，若無能量損耗與加入，根據(4-6)式可得：

$$TP_1 = TP_2 = SP_1 + VP_1 = SP_2 + VP_2 \quad \text{(4-7)}$$

在實際流體狀態下，流體流經導管皆會造成能量損失，而且也有排氣機等作功而將能量的因素加入，於是(4-7)式可再修改寫成

$$TP_1 + \omega = TP_2 + h_L \quad \text{(4-8)}$$

或者是

$$SP_1 + VP_1 + \omega = SP_2 + VP_2 + h_L \quad \text{(4-9)}$$

其中，$\omega$ 為自流體系統外以作功形態所加入的能量，如排氣機對氣流所作的功，而 $h_L$ 為在點 1 與 2 之間所損失的能量。

## 練習範例

(　) 1. 下列何者可據以計算風速？ (1)靜壓 (2)動壓 (3)全壓 (4)大氣壓。【乙 3-407】

(　) 2. 通風系統內某點之靜壓為-30 $mmH_2O$，動壓為 18 $mmH_2O$，則全壓為多少 $mmH_2O$？ (1)-48 (2)-12 (3)12 (4)48。【乙 3-408】

(　) 3. 下列哪些項目對於管道內壓力之敘述有誤？ (1)動壓：由於空氣移動所造成，僅受氣流方向影響且一定為正值 (2)靜壓：方向是四面八方均勻分佈，若是正壓則管道會有凹陷的趨勢，若是

負壓則會有管道膨脹的趨勢 (3)靜壓和動壓之總和為定值（大氣密度過小而忽略），是根據伯努利定律所推導而得 (4)全壓有可能為正值，也有可能為負值。【甲衛 3-251】

( ) 4. 通風測定之常用測定儀器有發煙管、熱偶式風速計、皮托管(Pitot tube)及液體壓力計等，其中皮托管為可測定下列何者？ (1)空氣濕度 (2)空氣成分 (3)空氣速度 (4)含氧濃度。【甲安 3-30】

( ) 5. 皮托管的主要用途為伸進通風導管內，並提供下列何種功能？ (1)直接測得風速 (2)直接測得壓力 (3)外部連接風速計 (4)外部連接壓力計。【乙 3-390】

( ) 6. 採用壓力計量測通風導管內之風速時，下列何種偵測用連結管之裝設方式最佳？ (1)壓力計一頭接在導管內壁，另一頭空著 (2)壓力計一頭伸進導管內部中央，另一頭空著 (3)壓力計一頭伸進導管內部中央，另一頭一頭接在導管內壁 (4)壓力計僅能測得壓力，並無法量測通風導管內之風速。【乙 3-391】

( ) 7. 負壓隔離病房的壓差計會連結一條偵測用管線到病房內的牆壁或天花板，以此偵測病房內外的何種壓差？ (1)靜壓 (2)動壓 (3)全壓 (4)氣壓。【乙 3-392】

( ) 8. 一般市售風罩式風量計是先量測下列何者後換算為風量？ (1)動壓 (2)風速 (3)體積流率 (4)質量流率。【乙 3-393】

9. 下表為某單一固定管徑之導管內 4 個測點所測得空氣壓力(air pressure)值，試求表中 a、b、c、d、e 等 5 項之相關壓力值（請列出計算過程）。【2012-2#10】

| | 空氣壓力(mmH₂O) | | |
|---|---|---|---|
| 測點 | 全壓(TP) | 靜壓(SP) | 動壓(VP) |
| 1 | (a) | +3 | +2 |
| 2 | -6 | (b) | +2 |
| 3 | +7 | (c) | +2 |
| 4 | (d) | -4 | (e) |

10. 根據導管內風扇上下游不同位置測得之空氣壓力（不考慮氣流摩擦損失），請依題意作答各小題。

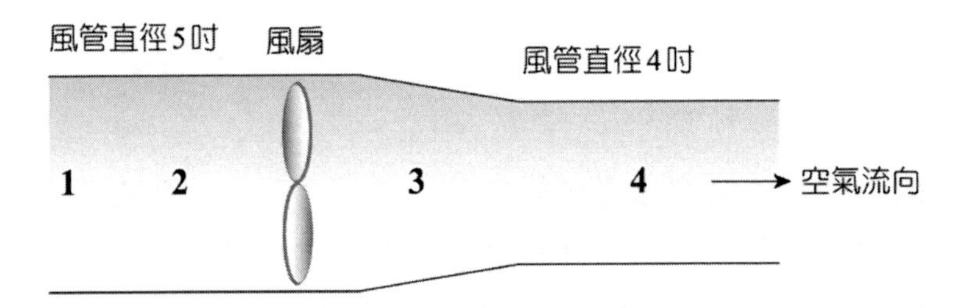


| 位置 | 空氣壓力($mmH_2O$) | | |
|---|---|---|---|
| | 全壓($P_t$) | 靜壓($P_s$) | 速度壓($P_v$) |
| 1 | －7.50 | a | +2.50 |
| 2 | b | －8.10 | +2.50 |
| 3 | +7.40 | +4.90 | +2.50 |
| 4 | +8.10 | +5.10 | c |

(1) 請計算 a、b、c 數值。

(2) 請依平均風速計算公式 $v(m/s)=4.03\sqrt{P_v}$ 計算位置 1 之風量 ($m^3/hr$)。

(3) 請指出上圖何項數據有誤？並說明理由。【2016 工礦衛生技師－作業環境控制工程 3】

11. 某廠房有一正常運作之吸氣導管，請回答下列問題：

(1)此導管之全壓為正值或負值？

(2)請指出以下圖示可分別測得全壓、動壓或靜壓。【2016-3#8】

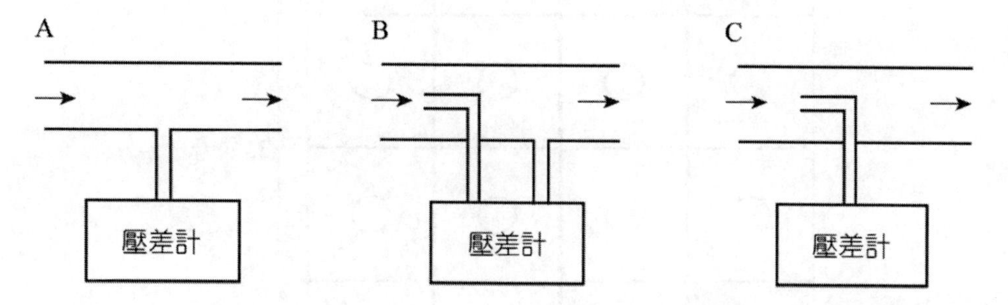


12. (二)一矩形風管大小如下圖所示，實施定期自動檢查時於測定孔位置測得之動壓分別為：

16.24 $mmH_2O$，16.32 $mmH_2O$，16.32 $mmH_2O$，16.12 $mmH_2O$，

16.00 $mmH_2O$，16.08 $mmH_2O$，16.40 $mmH_2O$，16.81 $mmH_2O$，

16.24 $mmH_2O$，16.32 $mmH_2O$，16.32 $mmH_2O$，16.12 $mmH_2O$，

16.00 $mmH_2O$，16.08 $mmH_2O$，16.40 $mmH_2O$，16.81 $mmH_2O$，

試計算其輸送之風量為多少($m^3$/min)？

公式提示：2. $V_t(m/s) = 4.04\ (PV_i(mmH_2O))^{0.5}$

3. $V_a = \sum V_i/n$

4. $Q = V_a \cdot L \cdot W$ 【2017-3 甲衛#5】Ans：137

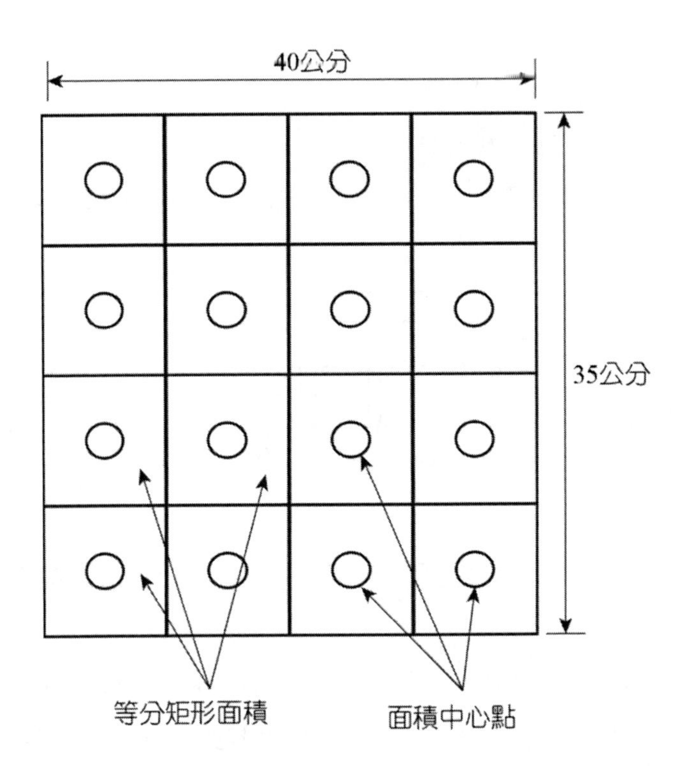


13. 管線裡的流量在風險估算是必要物理量之一。以皮託管(Pitot tube)測量流體速度之方程式如下：$v=\sqrt{\dfrac{2\Delta p}{\rho}}$；其中 v 是速度；Δp 是壓降；ρ 是密度。請問：有一個 4 吋管線，測量到的壓降是 15 mmHg，此流體是液體，比重是 0.8，其質量組成是 0.3 的二甲苯與 0.7 的醋酸。

(1) 流體的速度是多少 m/s？

(2) 體積流量是多少 $m^3$/min？

(3) 質量流量是多少 kg/min？

(4) 摩爾流量是多少 gmol/min？【2019 普考-工業安全-安全工程概要 4】

## 第二節　壓力損失

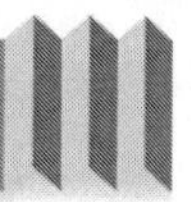

導管中空氣氣流所具有的能量（或全壓），會因為與導管內壁摩擦、方向改變、導管直徑縮小或擴大等因素而有所損失。摩擦損失係來自於流體速度梯度以及導管內壁粗糙度，這是導管主要之壓力損失型式。當氣流方向改變、導管縮小與擴大時，則會產生紊流與速度增減，進而造成壓力損失。

導管內壓力損失大略與風速的平方成正比，也就是與動壓成正比，因此壓力損失的計算通式可為

$$h_L = C \cdot VP \quad \text{(4-10)}$$

其中，$C$ 為壓力損失係數，各種壓力損失係數分別介紹於後。

### 一、摩擦損失

因摩擦所造成的壓力損失可由 Darcy-Weisbach 之關係式計算而得

$$h_L = f_L \cdot \frac{L}{d} \cdot VP \quad \text{(4-11)}$$

其中，$f_L$ 為摩擦損失係數，$L$ 為導管長度(m)，$d$ 為導管直徑(m)。對矩形導管而言，則可將下式：

$$d = 1.3\frac{(a \times b)^{0.625}}{(a+b)^{0.25}} \quad \text{(4-12)}$$

代入(4-11)式計算，其中 $a$、$b$ 為矩形的兩邊長。(4-12)式中的 $d$ 即為等效管徑。

(4-11)式中的摩擦損失係數 $f_L$ 是雷諾數($R_e$)與相對粗糙度(relative roughness) $\frac{\varepsilon}{d}$ 的函數，其中雷諾數

$$R_e = \frac{\rho v d}{\mu} \quad \cdots\cdots (4\text{-}13)$$

$\mu$ 為流體黏滯係數，$\varepsilon$ 為管壁粗糙度(roughness)，摩擦損失係數值一般可在 Moody 圖(Moody chart)上查到，由(4-11)式可知，導管之摩擦損失與導管長度成正比，與導管內徑成反比，即導管內徑越大，其壓力損失越小。除上述查圖方式外，亦可用下列經驗式計算摩擦損失。

$$h_L = H_f \cdot L \cdot VP \quad \cdots\cdots (4\text{-}14)$$

其中，$H_f = a\frac{v^b}{Q^c}$ ……(4-15)

上式如以公制表示時，即風速 $v$ 以 m/s 為單位，空氣流量 $Q$ 以 $m^3/s$ 為單位，導管長度 $L$ 以 m 為單位，$VP$ 以 $mmH_2O$ 為單位時，$a$、$b$、$c$ 等參數值如表 4-1 所示。

表 4-1 直導管摩擦係數參數值(ACGIH, 2010)

| 導管材質 | $a$ | $b$ | $c$ |
|---|---|---|---|
| 金屬或塑膠硬管 | $1.86\times10^{-4}$ | 0.533 | 0.612 |
| 可撓性管 | $2.23\times10^{-4}$ | 0.604 | 0.639 |

## 二、肘 管

肘管為導管中氣流方向改變之處，當氣流改變方向時，即會產生壓力損失，且肘管數目越多，壓力損失就越大。肘管的壓力損失為：

$$\Delta SP = h_{L,elbow} = C_{elbow}(\frac{\theta}{90})VP \qquad (4\text{-}16)$$

其中，$C_{elbow}$ 為 90 度轉彎肘管的壓力損失係數，$\theta$ 為肘管彎曲角度(°)。圓形肘管之壓力損失係數與肘管的轉彎程度 $R/D$ 有關，其中 $R$ 為肘管中軸的轉彎曲率半徑。至於矩形肘管的壓力損失係數除了與轉彎程度 $R/D$ 相關外，也與導管截面展弦比 $W/D$ 相關，其中 $W$ 與 $D$ 為矩形截面的兩邊長，而 $D$ 為沿肘管轉彎半徑方向的邊長。表 4-2 與表 4-3 所示即分別為矩形與圓形肘管的壓力損失係數，由表中可知，肘管曲率半徑與管徑比($R/D$)越小，即肘管轉彎程度越陡時，壓力損失越大。

表 4-2　矩形肘管之壓力損失係數, $C_{elbow}$ (ACGIH, 1998)



| | | R/D | | | | | |
|---|---|---|---|---|---|---|---|
| | | 0（直角） | 0.5 | 1.0 | 1.5 | 2.0 | 3.0 |
| 展弦比 W/D | 0.25 | 1.50 | 1.36 | 0.45 | 0.28 | 0.24 | 0.24 |
| | 0.5 | 1.32 | 1.21 | 0.28 | 0.18 | 0.15 | 0.15 |
| | 1.0（方形） | 1.15 | 1.05 | 0.21 | 0.13 | 0.11 | 0.11 |
| | 2.0 | 1.04 | 0.95 | 0.21 | 0.13 | 0.11 | 0.11 |
| | 3.0 | 0.92 | 0.84 | 0.20 | 0.12 | 0.10 | 0.10 |
| | 4.0 | 0.86 | 0.79 | 0.19 | 0.12 | 0.10 | 0.10 |

表 4-3　圓形肘管之壓力損失係數, $C_{elbow}$ (ACGIH, 1998)

| | | *R/D* | | | | | |
|---|---|---|---|---|---|---|---|
| | | 0.50 | 0.75 | 1.00 | 1.50 | 2.00 | 2.50 |
| 平滑式(Stamped) | | 0.71 | 0.33 | 0.22 | 0.15 | 0.13 | 0.12 |
| 五段式(5-piece) | | – | 0.46 | 0.33 | 0.24 | 0.19 | 0.17 |
| 四段式(4-piece) | | – | 0.50 | 0.37 | 0.27 | 0.24 | 0.23 |
| 三段式(3-piece) | | 0.90 | 0.54 | 0.42 | 0.34 | 0.33 | 0.33 |
| 二段式（直角，*R*/*D*=0） | 無導流板(vane) | 1.2 | | | | | |
| | 有導流板 | 0.6 | | | | | |

肘管壓力損失也可使用等效長度(equivalent length)計算，也就是將肘管視為相當長度（即等效長度）的直導管，並以直管摩擦損失計算肘管壓力損失。肘管的等效長度換算法目前已自 ACGIH 1998 年版的工業通風一書中刪除，本書亦不再詳述，有興趣之讀者可自行參閱舊版工業通風或其他書籍。

## 三、合　流

合流是兩條導管會合之處，通常其中一條導管合流後方向不改變。但管徑增加，是為主管；另一條導管以合流角 $\phi$ 匯入主管，是為支管。合流因管徑有變化，其動壓會隨之產生變化，而管徑變化處也會因氣流流場改變而產生壓力損失，因此合流管越多，壓力損失就越大。合流所造成的靜壓損失一般假設發生於支管，其計算公式為：

$$SP_2 - SP_3 = C_{merge} \cdot VP_2 \qquad (4\text{-}17)$$

其中，下標 2 與 3 分別代表匯入支管末端與合流點，合流壓力損失係數 $C_{merge}$ 為合流角 $\phi$ 的函數，兩者間的關係如表 4-4 所示。由此表可知，合流管流入角度越大，即支管匯入主管之角度越大，其壓力損失越大。合流壓力損失也可比照肘管，使用等效長度法計算，其換算法也自 ACGIH 1998 年出版的《工業通風》一書中刪除，本書並未再詳述。

表 4-4 合流壓力損失係數, $C_{merge}$(ACGIH, 1998)

| 合流角角度, $\phi$ | 合流壓力損失係數, $C_{merge}$ |
|---|---|
| 10 | 0.06 |
| 15 | 0.09 |
| 20 | 0.12 |
| 25 | 0.15 |
| 30 | 0.18 |
| 35 | 0.21 |
| 40 | 0.25 |
| 45 | 0.28 |
| 50 | 0.32 |
| 60 | 0.44 |
| 90 | 1.00 |

## 四、縮　管

漸縮管(tapered contracion)為導管截面積逐漸縮小之處，漸縮管壓力損失為

$$SP_1 - SP_2 = (1 + C_{tapered}) \cdot (VP_2 - VP_1) \quad (4\text{-}18)$$

其中下標 1 與 2 分別代表漸縮管上游與下游點，漸縮管壓力損失係數 $C_{tapered}$ 為縮角 Ø 的函數（如表 4-5）。由此表可知，圓形縮小管之縮小角度越大，即管徑變化越大，則壓力損失越大。

驟縮管(abrupt contraction)則是兩段不同截面積導管直接連接處，且下游截面積小於上游截面積，驟縮管壓力損失為

$$SP_1 - SP_2 = (VP_2 - VP_1) + C_{abrupt} VP_2 \quad \text{(4-19)}$$

其中，$VP_2$ 為驟縮管下游點的動壓，而驟縮管壓力損失係數 $C_{abrupt}$ 為上下游導管截面積比值的函數，如表 4-6 所示。

表 4-5　漸縮管壓力損失係數, $C_{tapered}$(ACGIH, 1998)

| 縮角角度 | 壓力損失係數, $C_{tapered}$ |
|---|---|
| 5 | 0.05 |
| 10 | 0.06 |
| 15 | 0.08 |
| 20 | 0.10 |
| 25 | 0.11 |
| 30 | 0.13 |
| 45 | 0.20 |
| 60 | 0.30 |
| >60 | 視同驟縮管 |

表 4-6　驟縮管壓力損失係數, $C_{abrupt}$(ACGIH, 1998)

| 截面積比值, $A_2/A_1$ | 壓力損失係數, $C_{abrupt}$ |
|---|---|
| 0.1 | 0.48 |
| 0.2 | 0.46 |
| 0.3 | 0.42 |
| 0.4 | 0.37 |
| 0.5 | 0.32 |
| 0.6 | 0.26 |
| 0.7 | 0.20 |

## 五、擴張管

擴張管(expansions)為導管截面積增加之處。當導管截面積增加時，根據(4-10)式，導管內的流速降低，而動壓也隨之降低。若無能量損失，擴張管前後動壓的降低量應恰好等於靜壓的增加量。但是在實際狀況下，靜壓的增加量會小於動壓的降低量，使得氣流流經擴張管後，造成全壓下降，此全壓下降量就是擴張管的壓力損失。

對連接兩不同截面積導管的擴張管而言，擴張管的壓力變化可描述為：

$$SP_2 - SP_1 = C_{expansion}(VP_1 - VP_2) \quad \text{(4-20)}$$

其中，下標 1 與 2 分別代表擴張管上游與下游點，$C_{expansion}$ 則為擴張管壓力回復係數。通過擴張管的能量損失即為

$$TP_1 - TP_2 = (1 - C_{expansion}) \cdot (VP_1 - VP_2) \quad \text{(4-21)}$$

當 $C_{expansion} = 1$ 時，通過擴張管的動壓減少量完全回復成靜壓，無任何能量損失。$C_{expansion}$ 是擴張管張角以及上下游導管管徑比值的函數，其值如表 4-7 所示。

對於導管末端的擴張口，其壓力變化情形可為：

$$SP_2 - SP_1 = C_{expansion} \cdot VP_1 \quad \text{(4-22)}$$

此時 $C_{expansion}$ 則如表 4-8 所示，為擴張口長徑比($L/d_1$)與前後端管徑比($d_2/d_1$)的函數，下標 1 與 2 分別代表擴張口上游端與下游端。由此表可知，圓形擴大管擴大角度越大，亦即管徑變化越大時，壓力損失越大。

表 4-7 擴張管壓力回復係數, $C_{expansion}$ (ACGIH, 1998)

| 擴張角度 | 擴張管管徑比值, $d_2/d_1$ | | | | |
|---|---|---|---|---|---|
| | 1.25 | 1.5 | 1.75 | 2 | 2.5 |
| 3.5 | 0.92 | 0.88 | 0.84 | 0.81 | 0.75 |
| 5 | 0.88 | 0.84 | 0.80 | 0.76 | 0.68 |
| 10 | 0.85 | 0.76 | 0.70 | 0.63 | 0.53 |
| 15 | 0.83 | 0.70 | 0.62 | 0.55 | 0.43 |
| 20 | 0.81 | 0.67 | 0.57 | 0.48 | 0.43 |
| 25 | 0.80 | 0.65 | 0.53 | 0.44 | 0.28 |
| 30 | 0.79 | 0.63 | 0.51 | 0.41 | 0.25 |
| 90 | 0.77 | 0.62 | 0.50 | 0.40 | 0.25 |

表 4-8 擴張口壓力回復係數, $C_{expansion}$ (ACGIH, 1998)

| 擴張口長度與管徑比值, $L/d_1$ | 擴張口直徑與管徑比值, $d_2/d_1$ | | | | | |
|---|---|---|---|---|---|---|
| | 1.2 | 1.3 | 1.4 | 1.5 | 1.6 | 1.7 |
| 1.0 | 0.37 | 0.39 | 0.38 | 0.35 | 0.31 | 0.27 |
| 1.5 | 0.39 | 0.46 | 0.47 | 0.46 | 0.44 | 0.41 |
| 2.0 | 0.42 | 0.49 | 0.52 | 0.52 | 0.51 | 0.49 |
| 3.0 | 0.44 | 0.52 | 0.57 | 0.59 | 0.60 | 0.59 |
| 4.0 | 0.45 | 0.55 | 0.60 | 0.63 | 0.63 | 0.64 |
| 5.0 | 0.47 | 0.56 | 0.62 | 0.65 | 0.66 | 0.68 |
| 7.5 | 0.48 | 0.58 | 0.64 | 0.68 | 0.70 | 0.72 |

## 六、氣罩壓力損失

一般認定大氣中的靜壓、動壓與全壓均為零。當空氣流經氣罩時，風速在氣罩中增加至導管風速，動壓也隨之相對增加，當無能量損失時，靜壓則以等量下降至負值，而氣罩前後的全壓也維持於零。當考慮能量損失時，氣罩靜壓損失可由下式計算：

$$h_{L,hood} = \Delta TP = C_{hood} \cdot VP \quad \text{(4-23)}$$

其中 $C_{hood}$ 為氣罩壓力損失係數或氣罩進入損失(entry loss)，而 $VP$ 為與氣罩相接導管的動壓。令大氣中 $SP = VP = TP = 0$，於是與氣罩相連導管靜壓為：

$$SP = -VP - C_{hood}VP = -(1 + C_{hood}) \cdot VP \quad \text{(4-24)}$$

其中 $-VP$ 即為轉變為動壓的靜壓，稱為氣罩加速靜壓損失。對全壓而言：

$$TP = VP + SP = VP - VP - h_{L,hood} = -h_{L,hood} \quad \text{(4-25)}$$

氣罩對壓力的影響也可用進入係數(coefficient of entry, $C_e$)表示。進入係數的定義為：在一定靜壓下，氣罩入口實際體積流量對理想體積流量（即所有靜壓轉換為動壓時的流量）的比值。於是進入係數：

$$C_e = \frac{Q_{\text{實際狀況}}}{Q_{\text{理想狀況}}} = \frac{\sqrt{VP}}{\sqrt{VP + h_{L,hood}}} = \sqrt{\frac{1}{1 + C_{hood}}} \quad \text{(4-26)}$$

或者是

$$C_{hood} = \frac{1 - C_e^2}{C_e^2} \quad \text{(4-27)}$$

各型氣罩之壓力損失係數與進入係數如表 4-9 所示。

表 4-9 各型氣罩之壓力損失係數與進入係數 (ACGIH, 1998)

| 氣罩型式 | 壓力損失係數, $C_{hood}$ | 進入係數, $C_e$ |
|---|---|---|
| 鐘形開口 [a] | 0.04 | 0.98 |
| 有凸緣之導管開口 | 0.49 | 0.82 |
| 導管開口 | 0.93 | 0.72 |
| 銳孔開口 [b] | 1.78 | 0.60 |
| 磨輪機以漸縮管連接導管 | 0.40 | 0.85 |
| 磨輪機直接連接導管 | 0.65 | 0.78 |
| 沉降室 | 1.5 | 0.63 |
| 漸縮或圓錐形氣罩 [c] | | |
| 組合式氣罩 [d] | | |

說明：

a.鐘形開口指弧線半徑大於 0.2 倍導管直徑。

b.銳孔開口之 $VP$ 為銳孔之 $VP$。

c.漸縮或圓錐形氣罩之壓力損失係數與漸縮角度有關，如下表所示：

| 漸縮角度 | 漸縮矩形 | | 圓錐形 | |
|---|---|---|---|---|
| | 壓力損失係數, $C_{hood}$ | 進入係數, $C_e$ | 壓力損失係數, $C_{hood}$ | 進入係數, $C_e$ |
| 15 | 0.25 | 0.89 | 0.15 | 0.93 |
| 30 | 0.16 | 0.93 | 0.08 | 0.96 |
| 45 | 0.15 | 0.93 | 0.06 | 0.97 |
| 60 | 0.17 | 0.92 | 0.08 | 0.96 |
| 90 | 0.25 | 0.89 | 0.15 | 0.93 |
| 120 | 0.35 | 0.86 | 0.26 | 0.89 |
| 150 | 0.48 | 0.82 | 0.40 | 0.85 |
| 180 | 0.50 | 0.82 | 0.50 | 0.82 |

d.組合式氣罩，如狹縫式開口連接漸縮形氣罩，其氣罩壓力損失為兩者之和，即：

$$h_{L,hood} = C_{slot}VP_{slot} + C_{tapered}VP_{duct}$$

其中狹縫開口損失係數，$C_{slot}$ 之大小視其開口大小而定，一般範圍為為 1.00～1.78。

## 七、局部排氣裝置壓力變化情形

以圖 4-2 所示之單一氣罩局部排氣裝置為例，空氣流經氣罩的壓力損失如第 6 點所述，假設導管管徑固定，即截面積及風速保持固定時，根據(4-10)式，導管內的動壓也維持不變。但由於受到導管摩擦損失的影響，靜壓會沿導管方向逐漸減少，由於全壓是動壓與靜壓之和，所以全壓也是沿導管方向逐漸減少，而且在排氣機上游，靜壓及全壓維持負壓，且越接近排氣機時，壓力越小，或是說該負壓之絕對值越大。當經過排氣機時，由於排氣機對氣流作功，提供能量，使靜壓與全壓驟增為正值，一直到排氣口皆維持正壓。假設排氣機下游導管管徑小於上游導管管徑，則下游動壓將高於上游動壓，而下游導管部分之靜壓與全壓也會因摩擦損失而隨氣流方向減少。至於排氣口風速及動壓數值，則由排氣量及排氣口截面積決定。

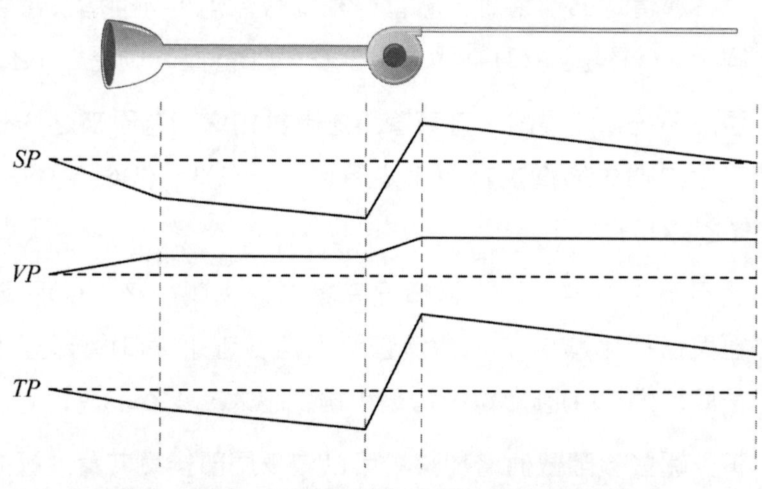


圖 4-2　單一氣罩局部排氣裝置壓力變化情形

## 練習範例

(　) 1. 在一管徑 20 cm 的通風管內，量測到風速為 30 cm/s，在 20°C 時，標準大氣情況下，經計算 Re 約為 3960，請問下列有關雷諾數(Raynold number, Re)或流場之敘述何者為正確？ (1)為過渡區流場 (2)為紊流流場 (3)為層流流場 (4)流場與雷諾數無關。【甲衛 3-253】

(　) 2. 有關局部排氣裝置風壓，下列敘述何者有誤？ (1)全壓為動壓與靜壓之和 (2)排氣機上游管段之全壓為負值 (3)排氣機下游管段之全壓為正值 (4)導管內廢氣流動速度越小，動壓越大。【乙 3-412】

(　) 3. 單一導管之通風系統，若管徑相同時，則下列何者於導管內均相同？ (1)靜壓 (2)動壓 (3)全壓 (4)靜壓和動壓。【乙 3-413】

(　) 4. 通風系統中流經同一直管管段之風量如增加為原來之 3 倍時，則其壓力損失約增加為原來之幾倍？ (1)3 (2)6 (3)9 (4)12。【乙 3-410】

(　) 5. 通風系統中，下列何種情況其壓力損失越小？ (1)肘管曲率半徑與管徑比越小 (2)合流管流入角度越小 (3)圓形擴大管擴大角度越大 (4)圓形縮小管縮小角度越大。【乙 3-409】

(　) 6. 下列哪些參數數值增加時，可以減少局部排氣裝置之壓力損失？ (1)氣罩壓力損失係數 (2)氣罩進入係數 (3)肘管曲率半徑 (4)合流管合流角度。【乙 3-472】

(　) 7. 依特定化學物質危害預防標準規定，下列何者為非？ (1)多氯聯苯屬於甲類物質 (2)甲基汞化合物屬於乙類物質 (3)雇主應於

作業場所指定現場主管擔任特定化學物質監督作業　(4)局部排氣裝置，應儘量縮短導管長度。【乙 1-293】

(　) 8. 雇主依特定化學物質危害預防標準規定設置之局部排氣裝置，下列規定何者錯誤？　(1)氣罩應置於每一氣體、蒸氣或粉塵發生源　(2)設置有除塵或廢氣處理裝置者，其排氣機應置於各該裝置之後　(3)塵儘量延長導管長度，減少彎曲數目　(4)排氣孔應置於室外。【乙 1-292】

(　) 9. 局部排氣裝置之導管裝設，下列何者有誤？　(1)應儘量縮短導管長度　(2)減少彎曲數目　(3)支管需 90 度與主管相接　(4)應於適當位置設置清潔口與測定孔。【乙 3-411】

(　) 10. 關於導管之敘述，下列何項不正確？　(1)包括污染空氣自氣罩、空氣清淨裝置至排氣機之運輸管路（吸氣管路）　(2)可包括自排氣機至排氣口之搬運導管（排氣導管）　(3)設置導管時應同時考慮排氣量及污染物流經導管時所產生之壓力損失　(4)截面積較小時雖其壓損失較低，但流速會因而減低，易導致大粒徑之粉塵沉降於導管內。【甲衛 3-256】

(　) 11. 採用局部排氣裝置移除熱量，所使用之導管形狀以？　(1)正方形　(2)矩形　(3)菱形　(4)圓形　之壓力損失較少。【物測甲 2-144】

12. 在一般工作場所中，下列數值增加後，工作者安全衛生條件或該安全衛生設施之效能會變好或變差？（五）通風導管之曲率半徑。（六）通風導管 2 條導管合流處之角度。（七）氣罩進入損失係數。（八）氣罩進入係數。【2018-1#9】

13. 請詳述下列名詞之意涵：驟縮管(abrupt contraction)【2013 工礦衛生技師－作業環境控制工程 4】

14. 試回答下列問題：(2)氣罩進入係數(coefficient of entry, Ce)量測。【2017 工礦衛生技師－作業環境測定 2】

15. 某局部排氣系統吸氣側之某段突擴管如下圖所示：

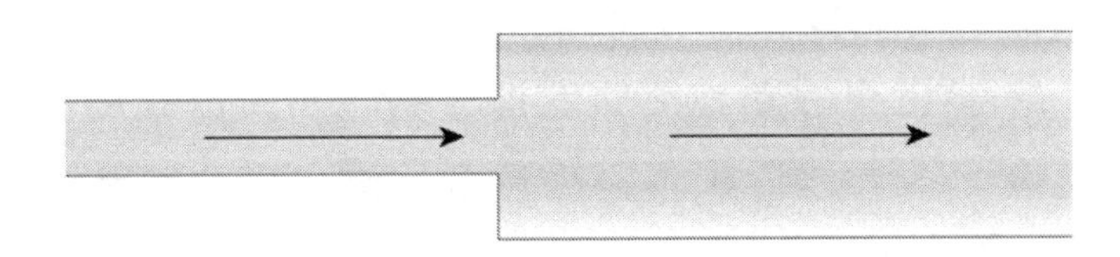

(1) 試描繪出其全壓(pt)、靜壓(ps)及動壓(pv)之分布圖。

(2) 請說明繪製前述分布圖之基本概念。【2014 工礦衛生技師－作業環境控制工程 3】

16. 可壓縮的空氣在圓管內穩定流動（如圖所示），若位置①的錶壓力 $P_1$ = 60 kPa(gage)，位置②的錶壓力 $P_2$ = 20 kPa(gage)，且位置①的截面直徑 D 為位置②的截面直徑 d 的 3 倍，大氣壓力 $P_{atm}$ = 100 kPa，空氣溫度固定在 40℃，若位置②的平均速度 $V_2$ = 30 m/s，試求位置①的平均速度 $V_1$ 是多少？【2016 地方特考四等環境工程－流體力學概要 4】

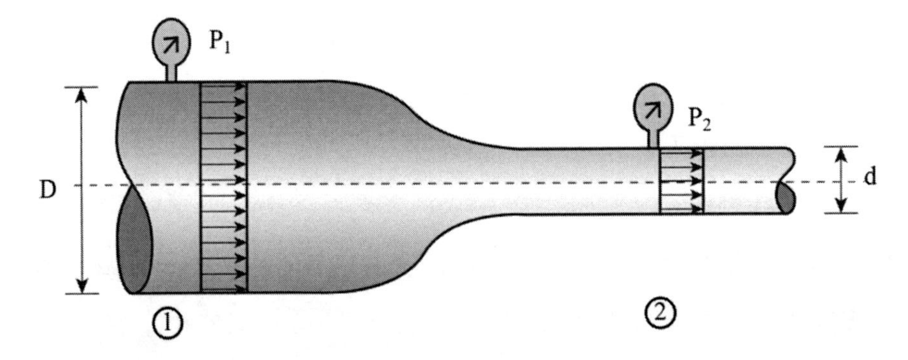


17. 流體通過管徑束縮的圓管時壓力會變小，由下圖中給定的條件，推導出點(2)的速度($V_2$)與 $D_1$、$D_2$、ρ、$\rho_m$ 及 h 的關係，假設流體為無黏性且不可壓縮。【2016 高考三級環境工程－流體力學 2】

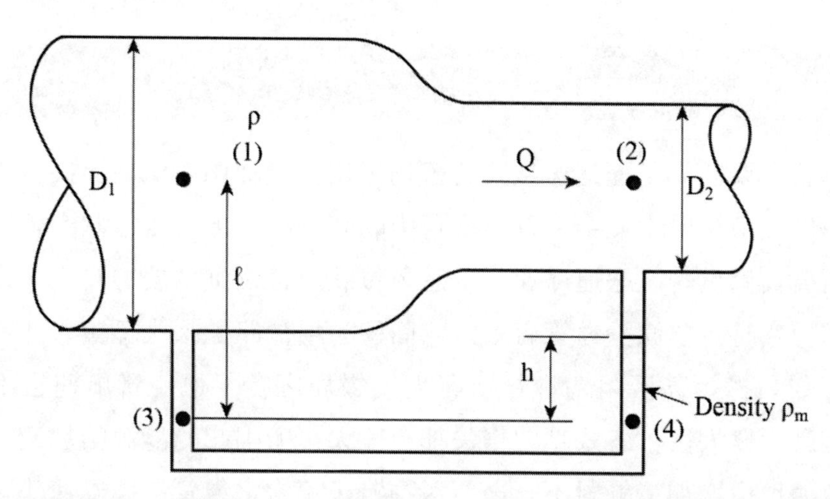


18. 某事業單位計畫興建 4 層高廠房，試依下列廠房用途及相關法規規定，規劃通風換氣設施。(四) 廠房 4 樓計畫使用局部排氣裝置降低污染物濃度，廠房部門建議先評估管線系統之壓力損失。試以下列管線（示意圖）為例，計算其壓力損失為多少 mm $H_2O$？

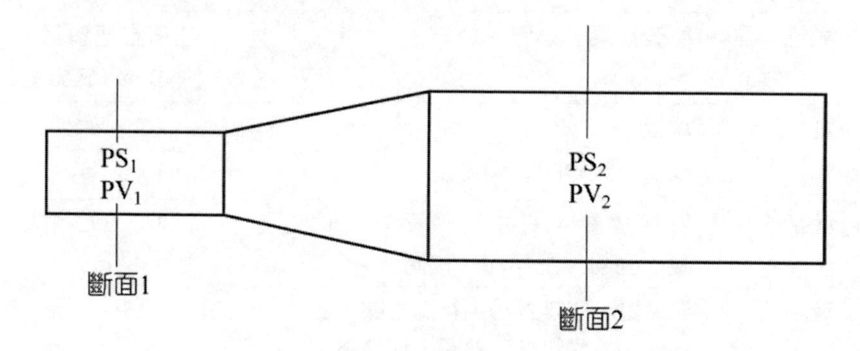


（$PS_1$、$PS_2$ 分別為斷面 1、2 之靜壓，其值分別為-30 mm$H_2O$、-26 mm$H_2O$，$PV_1$、$PV_2$ 分別為斷面 1、2 之動壓，其值分別為 20 mm$H_2O$、15 mm$H_2O$）【2019-2 甲衛 4.4】Ans：1

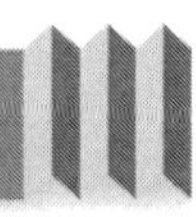

## 第三節　搬運風速及壓力平衡

導管主要功能是運送廢氣及有害物，使其能經由空氣清淨裝置處理，且能由排氣口排至大氣中。針對導管中的有害物，尤其是粒狀有害物，導管中需要具備足夠之搬運風速，以避免粒狀有害物沉積於導管中。當導管中堆積粉塵時，會減少導管有效排氣面積、增加摩擦損失係數、加重清理維護工作負擔，甚至阻塞導管或有火災爆炸之虞。但導管風速也不宜過高，因動壓變大後，各式壓力損失都會變大，所引起的能源損耗及排氣機電力負擔也會增加。針對不同之運送物質，適當之導管搬運風速建議範圍列於表 4-10。

表 4-10　導管搬運風速建議範圍 (ACGIH, 2010)

| 運送物質 | 實　　例 | 搬運風速, m/s |
|---|---|---|
| 蒸氣、氣體、煙 | 所有蒸氣、氣體、煙 | 任何風速皆可（以 5～10 m/s 較為經濟） |
| 金屬燻煙 | 焊接 | 10～12.5 |
| 輕微粉塵 | 棉絮、木粉、石粉 | 12.5～15 |
| 乾粉塵與細粉 | 細橡皮塵、電木塵、麻絮、棉塵、刮粉、肥皂粉、皮屑 | 15～17.5 |
| 一般工業粉塵 | 研磨塵、咖啡豆粉、花崗岩塵、矽粉、一般物料處理粉塵、切磚屑、黏土塵、一般鑄造屑、石灰石粉、紡織工業包裝與稱量石綿塵 | 17.5～20 |
| 重粉塵 | 濕重鋸木屑、鑄造轉磨裝桶及搖出粉塵、噴砂塵、木片、豬糞、鑄鐵鑽屑、鉛塵 | 20～22.5 |
| 重或濕粉塵 | 含小碎片的鉛塵、濕水泥塵、黏磨光絨、生石灰粉塵 | 22.5 以上 |

對單一導管系統而言，只要根據氣罩排氣量、導管搬運風速，以及所有組件的壓力損失，大致上即可決定整個系統的規格。至於較複雜的多支管系統，由於也是由各個單一導管合流而成，因此基本上也可根據單一導管之設計原理，將各段的動壓及靜壓逐一組合後，決定排氣機所需之動力及規格。

空氣在流動時，會自然地沿著阻力最小的通道前進，因此對於導管合流處而言，主管與支管之靜壓（負壓）應力求一致，使壓力達到平衡。否則氣流將流經壓力損失較小的導管，即靜壓絕對值較小處，使該導管排氣量及風速變大，至於靜壓絕對值較大之導管，則可能因排氣量及風速減少而遠低於設計值或法規要求。

當合流處靜壓不一致時，需調整其中至少一組導管之壓力損失，使兩者壓損一致。由於壓損正比於動壓，即正比於風速平方，在控制風速及搬運風速有下限的限制時，只能調高、很難降低的情況下，一般都選擇壓損低者進行調整，使其壓損增加到與另一導管達到平衡。壓力平衡的方法有兩種：設計平衡法及風門(blast gate)調節平衡法。盡管方法不同，兩者目的是一樣的，就是要使每個合流處壓力平衡，且每個氣罩及導管都具備足夠的排氣量及風速。

## 一、設計平衡法

顧名思義這是在局部排氣系統設計階段，透過理論與經驗數據，使各合流處靜壓平衡，故又稱為「靜壓平衡法」，其平衡準則如表 4-11 所示。在每個導管都高於最低搬運風速的前提下，增加其壓損，如減少管徑使風速增加，動壓增加時，各種壓損都會增加；肘管轉彎半徑縮小亦可增加壓損；另一個可調整的組件是氣罩。ACGIH 的建議是當合流處兩導管的靜壓比值超過 1.2 時，即應作上述之調整。當比值小於 1.2 時，可根據下式增加壓損較小導管之排氣量，並重新計算此導管之搬運風速及壓力損失。

$$Q_{Corrected} = Q_{Design}\sqrt{\frac{SP_{gov}}{SP_{duct}}} \quad \text{(4-28)}$$

其中，$Q_{Corrected}$ 為修正後之排氣量，

$Q_{Design}$ 為原排氣量，

$SP_{gov}$ 為調整後之靜壓值，即另一導管之靜壓值，

$SP_{duct}$ 為該導管原本之靜壓值。

表 4-11　合流管壓力平衡準則(ACGIH, 2010)

| 主管與支管靜壓絕對值比值, $r$ | 平衡方法 |
| --- | --- |
| $r < 1.2$ | 以(4-28)式增加靜壓絕對值較低者之排氣量 |
| $1.2 < r$ | 變更靜壓絕對值較低者管徑、導管套件或氣罩，增加該管壓力損失 |

## 二、風門調節平衡法

此法主要是在局部排氣裝置經初步設計，並設置完成後，藉由各導管內部加裝風門，調節該導管之排氣量及壓損，藉此使合流處之壓力平衡。此法特別應用在系統操作條件與原始設計不同時，例如原本設計之各個氣罩不見得會同時開啟，當其中有氣罩停止運轉時，其他運轉中的氣罩便需藉風門重新調整排氣量。另一情形是系統加入新的氣罩，此時亦可用風門調節新氣罩與原系統間之壓力平衡。風門調節法有兩個缺點，一是在調節風門時，所有氣罩導管之靜壓都會隨之改變，而使整個系統變的更複雜，二是調節後會使壓力損失變大，通常增加排氣機所需動力，耗損更多之能源。設計平衡法及風門調節法之優缺點如表 4-12 所示。

◢ 表 4-12　設計平衡法與風門調節平衡法之對照表 (ACGIH, 2010)

| | 設計平衡法 | 風門調節平衡法 |
|---|---|---|
| 1 | 設置後排氣量不易再修改調整 | 設置後排氣量較易修改調整 |
| 2 | 對未來設備改變或增加較無適應彈性 | 對未來設備改變或增加有較大的適應彈性 |
| 3 | 對新作業的排氣量計算可能不正確 | 排氣量計算不正確時，仍有修正的彈性 |
| 4 | 不會發生不尋常的腐蝕與蓄積粉塵等問題 | 半關的風門會導致腐蝕，同時改變氣流阻力，易蓄積棉絲狀物料 |
| 5 | 若正確選擇風速，將不會阻塞導管 | 導管可能會因不當調整風門位置而阻塞 |
| 6 | 實際排氣量可能大於設計排氣量 | 以設計排氣量即可達到平衡要求，但能量需求較高 |
| 7 | 必須先對系統布置全盤瞭解，且須完全按照設計施工安裝 | 系統布置可有限度修改 |
| 8 | 被選定用來進行靜壓平衡的小管徑導管，可能設計成要提高搬運風速而導致過度磨損 | 操作者可能會改變風門位置而使系統壓力不平衡 |

## 練習範例

1. 依據「有機溶劑中毒預防規則」之規定，雇主設置之局部排氣裝置之氣罩及導管，應依哪些規定辦理？又雇主應要求有機溶劑作業主管實施哪些監督工作？【2013 特考三等工業安全－工業安全衛生法規 5】
2. 解釋名詞：靜壓平衡法。【2012 工礦衛生技師－作業環境控制工程 1】
3. 10 英吋圓形直管，欲抽除研磨產生之木屑粉塵。設計抽風量 40 $m^3/min$，請問搬運風速若干？該搬運風速是否符合木屑粉塵之設計準則？若不合在抽風量不變情況下應如何改善？【2010 衛生技師－環控】

4. 針對以下工作程序以文字（或輔以繪圖）說明您如何規劃有效之局部排氣設施，並請選出合理之排氣管內搬運風速：(a)10 m/s、(b)20 m/s 或(c)>25 m/s。
   (1) 噴漆技術員在某造船廠全開放式船塢為 20 公尺高船身內部與外部進行油油漆噴塗，產生大量揮發性有機氣體逸散。
   (2) 長、寬、高分別為 8 公尺、2 公尺、3 公尺之膠帶印刷機使用含甲苯之油墨進行彩印，造成大量有機溶劑蒸氣逸散。印刷過程中技術人員必須不定時監看。【2012 工礦衛生技師－作業環境控制工程 3】

5. 針對以下二種工作程序，試以文字（或輔以繪圖）說明如何規劃各工作程序之有效局部排氣設施，並從(a)、(b)、(c)選項中建議最適當的排氣管內之搬運風速：(a)10 m/s、(b)20 m/s、(c)>25 m/s，請說明理由。
   (1) 腳踏車噴漆工作人員對車架進行噴漆，噴漆時需不時以目視監看噴漆完整與否，再用人工調整車架角度。該生產線有 15 公尺長，過程產生大量揮發性有機氣體逸散。
   (2) 某鋼廠進行鋼管防鏽程序，必須在鋼管架上方淋洗凡立水（主成分甲苯、二甲苯），鋼管長度均大於 2 公尺，故現有鋼管淋洗凡立水及晾乾架均完全暴露於廠房。【2016 工礦衛生技師-作業環境控制工程 2】

6. 在多氣罩多導管之局部排氣系統中，常有歧管需匯流入主導管的情形，如下圖中所示。然而，此合流現象也是局部排氣系統部分壓損的來源。試以下表中所提供之數據，並考慮主、歧管合流後之加減所造成之能量損失，推算合流處主導管（即管路 3）之靜壓值為多少 Pa？（注意：圖示管徑並未依實際尺寸描繪）【2011 衛生技師－環控 5】

| 管路編號 | 直徑 (mm) | 面積 ($m^2$) | 流率 ($m^3/s$) | 風速 (m/s) | 動壓 (Pa) | 靜壓 (Pa) |
|---|---|---|---|---|---|---|
| 1 | 240 | 0.045 | 0.79 | 17.6 | 186 | -530 |
| 2 | 120 | 0.011 | 0.19 | 17.3 | 180 | -530 |
| 3 | 260 | 0.053 | 0.98 | 18.5 | 206 | ? |

7. 工廠有 3 座生產設備排放廢氣，分別以集氣罩收集，經由管線輸送至吸附槽處理後，再排放至大氣，系統流程如下圖：

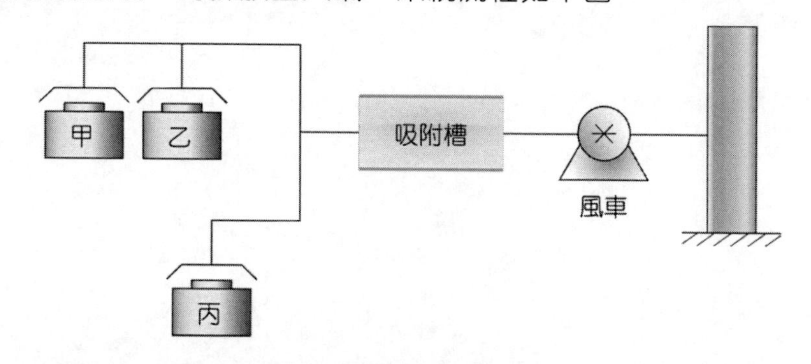


請以靜壓平衡法設計此工廠廢氣收集系統：

(1) 請說明靜壓平衡法設計原理。

(2) 請說明此廢氣收集系統設計流程。

(3) 請分別指出設計氣罩、風管之關鍵參數。【2013 環境工程技師－空氣污染與噪音工程 3】

• MEMO •

# 05 Chapter 空氣清淨裝置

## 第一節　緒　論

局部排氣裝置中，有害物自氣罩捕集，經由導管輸送，最後由排氣口排至室外大氣中。當此有害物濃度或排放量過高，以致不符合環保相關法規或足以影響人體健康時，在排放前應先經過空氣清淨裝置，待有效處理後再行排放。因此空氣清淨裝置之設置目的主要包括避免污染周界空氣、符合環境保護相關法規，尤其是固定污染源空氣污染物排放標準、回收有用之製程原料或成品等。

針對不同的有害物，應選用適當的空氣清淨裝置。根據空氣中有害物或空氣污染物之型態，一般分成粒狀及氣狀，粒狀指粉塵、燻煙等，氣狀則如有毒氣體及揮發性有機蒸氣。粒狀有害物應裝設適當之除塵裝置，氣狀有害物則應設置合適之廢氣處理裝置，以達到有效清淨廢氣之目的。各類空氣清淨裝置的特性與適用範圍如表 5-1 所示。由於空氣清淨裝置是屬於環境污染防治設備之一，目前已有許多參考文獻及書籍對此空氣污染防治設備之設計理論及實務等，有詳細之論述，本書僅對此設備作初步之介紹，欲求進一步瞭解之讀者可參考其他相關之書籍資料。

表 5-1 各類空氣清淨裝置特性與適用範圍（Burgess 等人，1989）

| 廢氣處理裝置 | | | | | | | |
|---|---|---|---|---|---|---|---|
| 型式 | 適用對象 | 適用濃度 g/m$^3$ | 去除效率 % | 壓損 毫米水柱 | 購置成本 | 操作成本 | 耐用性 |
| 填充塔 | 無機氣體 | ppm～% | 90～99 | 100～300 | 中 | 中 | 差 |
| 吸附塔 | 有機蒸氣，臭味 | ppb～% | 95～99$^+$ | 50～150 | 高 | 中 | 普通 |
| 焚化 | 有機蒸氣，臭味 | ppb～% | 90～99 | 5 | 低 | 極高 | 佳 |
| 觸媒轉化 | 有機蒸氣，臭味 | ppb～% | 90～99 | 50～150 | 中 | 高 | 差 |
| 除塵裝置 | | | | | | | |
| 型式 | 適用對象 | 適用濃度 g/m$^3$ | 適用粒徑、微米 | 壓損 毫米水柱 | 購置成本 | 操作成本 | 耐用性 |
| 重力沉降室、慣性分離器、旋風器 | 破碎、粉碎粉塵 | 0.1～100 | >10 | 50～150 | 低 | 中 | 佳（耐磨損） |
| 濾布 | 所有乾粉塵 | 0.1～20 | >0.1 | 75～150 | 中 | 中 | 視材質而定 |
| HEPA | 經初步除塵之常壓廢氣 | <0.001 | 全部 | 25～150 | 中 | 高 | 普通或差 |
| 靜電除塵裝置，單段 | 飛灰 | 0.1～2 | >0.1 | 13～25 | 高 | 低 | 普通 |
| 靜電除塵裝置，雙段 | 焊接燻煙、二手菸 | <1 | >0.1 | 13～25 | 中 | 低 | 佳 |
| 文氏管洗滌器 | 化學及冶金燻菸 | 0.1～100 | >0.25 | 500～2000 | 低 | 高 | 佳（耐腐蝕） |
| 其他洗滌器 | 破碎、粉碎粉塵 | 0.1～100 | >2 | 50～150 | 中 | 中 | 佳（耐腐蝕） |

## 第二節 除塵裝置

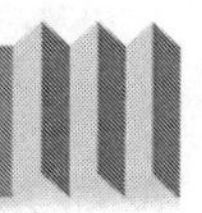

除塵裝置之選擇與除塵效率與粉塵特性關係密切，此特性包括成分、濃度及粒徑分布。依我國「勞工作業場所容許暴露標準」之分類，粉塵共分有 4 種，如表 5-2 所示。

◢ 表 5-2 勞工作業場所容許暴露標準規定之 8 小時日時量平均容許濃度

| 種類 | 粉塵 | 容許濃度, mg/m$^3$ | | 符號 |
|---|---|---|---|---|
| | | 可呼吸性粉塵 | 總粉塵 | |
| 第一種 | 結晶型游離二氧化矽 ≥10%之礦物性粉塵（石英、方矽石、鱗矽石及矽藻土） | $\frac{10}{\%SiO_2+2}$ | $\frac{30}{\%SiO_2+2}$ | |
| 第二種 | 結晶型游離二氧化矽<10%之礦物性粉塵 | 1 | 4 | |
| 第三種 | 石綿纖維（纖維長度≥5 微米，長寬比≥3） | 0.15 f/cc | | 瘤 |
| 第四種 | 厭惡性粉塵 | 5 | 10 | |

說明：
1.可呼吸性粉塵係指可透過離心式等分粒裝置所測得之粒徑者。
2.總粉塵係指未使用分粒裝置所測得之粒徑者。

除塵裝置依捕集粉塵之操作原理可分為下列 6 種：

1. 重力沉降室(gravity settling chamber)
2. 慣性分離器(inertial separator)
3. 旋風器(cyclone)
4. 過濾式除塵裝置(fabric filter)
5. 靜電除塵裝置(electrostatic precipitator)
6. 洗滌器(scrubber)

一般而言，重力沉降室與旋風器因捕集效率較低且處理負荷較高，通常做為空氣清淨裝置的前處理設備，而過濾式除塵裝置、靜電除塵裝置與洗滌器因集塵效率較高，常被做為空氣清淨裝置中的主要除塵設備。

## 一、重力沉降室

重力沉降室的基本結構是一個大空槽，氣流進入沉降室後流速減慢，較大的粉塵因重力沉降速率較大，而在其未隨氣流流出沉降室之前，即沉降於沉降室的底部而與氣流分離，以此達到除塵的功能。當粉塵之沉降速率越大時，除塵效率越高，由於粉塵之沉降速率隨粉塵粒徑增大而增大，因此對一般重力沉降室而言，粉塵粒徑必須大於 50 微米時，才稍具顯著的除塵效果。

為了增加重力沉降室之除塵效率，可增加長度、減少風速或降低沉降室高度，其中增加長度與減少風速都需要增加沉降室體積，較不實用，而降低沉降室高度則是較可行的方式，例如利用數個水平隔板降低粉塵的沉降高度，即可提高除塵效率。儘管如此，重力沉降室仍很難有效去除細小微粒，因此目前較少應用在局部排氣裝置中，或設定為前處理設備。

## 二、慣性分離器

粉塵在隨氣流流動時，會具備慣性，此慣性運動會使粉塵朝氣流流動方向運動。當氣流改變流動方向時，粉塵因具備慣性力，會維持原本之運動方向，如此而造成與氣流分離之作用。慣性分離器即利用此原理，在原本是個空槽的沉降室中加裝垂直檔板，除利用粉塵之重力沉降外，同時借助粉塵的慣性運動，在氣流方向因擋板的阻礙而改變時，粉塵會因慣性而與擋板碰撞達到去除的目的。其粉塵去除原理與重力沉降類似，粉塵之氣動粒徑越大，慣性力就越大，去除效率也越大。同樣地，慣性分離器也很難有效去除細小微粒，因此目前也較少應用在局部排氣裝置中，或僅設定為前處理設備。

## 三、旋風器

旋風器是利用離心力使粉塵與氣流分離，離心力也是慣性力的一種，當氣流作螺旋狀流動時，粉塵會因離心力沿切線方向作慣性運動。在一般旋風器中，含粉塵的氣流由進氣口沿圓柱切線進入後，環繞圓柱旋轉，粉塵受離心力作用而朝柱壁運動，經碰撞柱壁後滑落下方圓錐體中。而氣動粒徑較小的粉塵則因所受離心力較小，會隨氣流回流至排氣出口。進氣口位置通常設在圓柱體側邊，排氣出口則是在頂部上方。

由於旋風器無活動式機件、建造價格便宜、維修容易、且可回收製程物料，因此應用極為廣泛。但是使用此種裝置去除粒徑較小的粉塵時，需耗費大量能源，以提供足夠的風速及離心力，因此旋風器在除塵裝置中常規劃為前處理設備，用以去除氣流中粒徑較大的粉塵，而粒徑較小的粉塵則以串聯其他效率較高之除塵設備加以去除，如此設計可保護較精密的除塵裝置，降低維修保養負擔。

在實際應用時，可將數個旋風器並聯使用，如此可降低壓力損失。若為求提高除塵效率，可將旋風器串聯使用，但壓力損失也增加，而且氣動粒徑較大之粉塵大多已被第一個旋風器去除，第二個以後的旋風器對總除塵效率之貢獻有限。若要提高小粒徑粉塵的除塵效率，通常是在旋風器後串聯其他除塵效率更高的空氣清淨裝置。

## 四、靜電集塵裝置

靜電集塵裝置中安裝有放電電極(discharge electrode)與集塵電極(collecting electrode)，前者截面積極小，通常為鋼絲、扁條或電極棒，後者表面積極大，通常為板狀或管狀。含粉塵之氣流通過靜電集塵裝置時，在放電電極附近，氣體分子在臨界電壓下被離子化成正離子或負離子，氣流中的粉塵會因吸附這些離子而帶電，並朝相反電性方向移動，而與集塵電極碰撞成中性粉塵，並附著在該電極上，最後以振動、沖刷或攪動方式使被收集的粉塵脫離集塵電極。

放電電極可產生正電荷或負電荷。負電荷的電壓電流特性較穩定，因此較常使用於工業界；正電荷放電時臭氧產生量較少，因此，雖然效率較差，但仍被應用於室內空氣清淨機。當粉塵帶電後，受集塵電極電壓影響下，粉塵具有靜電飄移速率(electrostatic drift velocity)，此速率比重力沉降速率高很多，使其可有效去除氣動粒徑較小之粉塵。粉塵電阻是影響靜電集塵裝置除塵效率之重要參數，若電阻太低，粉塵沉積於集塵電極後，粉塵所帶電荷會很快傳給集塵電極，使被收集的微粒因未帶電而再度揚起，進而降低除塵效率；反之，如果粉塵電阻太高，放電時粉塵不易帶電，使粉塵靜電飄移速率減少，而在集塵電極上，電荷也不易傳至電極板上，粉塵將會緊黏在電極上而很難清除。

## 五、過濾式除塵裝置

最典型之過濾式除塵裝置為袋濾室(bag house)，室內設有濾材所製成的濾袋以過濾空氣中所含的粉塵。濾材使用初期除塵效率較低，但使用一段時間後，經由慣性碰撞、布朗運動、攔截、重力沉降與靜電吸引等除塵機制的作用，被濾材所收集的粉塵會在濾材上形成塵餅(dust cake)，除塵效率也因空隙被填滿而升高，此時濾材成了塵餅的支撐物，因此對袋濾室而言，濾材支撐能力較緊緻度更為重要。濾材之形狀可大略分成圓筒狀與封套狀兩種，其材質主要為綿、尼龍、聚乙烯（特多龍）、聚丙烯、耐熱尼龍等，依耐藥性、耐熱性與抗磨性等不同特性，而區分其用途。當塵餅因粉塵不斷累積而加厚時，壓力損失也隨之提高，當壓損高達一定程度時，即需要清除塵餅以維持正常操作。

袋濾室有多種分類方式，根據過濾方式或氣流方向之不同，可分為內部過濾與外部過濾。內部過濾式係將粉塵收集於濾袋內，乾淨空氣從濾袋外部逸出；外部過濾式則是將粉塵收集在濾袋外部，乾淨空氣由濾袋開口端逸出，此種濾袋內須使用鐵籠或數個鐵環支撐以避免氣流損壞濾袋。另一比較常用的分類方式是根據塵餅拂落方式區分，塵餅拂落方式主要為 3 種：

1. 機械震盪法(mechanical shaker)。
2. 空氣逆洗法(reverse flow)。
3. 脈衝清除法(pulse jet)。

機械震盪法可以利用水平或垂直振動，或借助音波振動。震盪可使濾袋產生駐波使塵餅碎裂，震盪強度受濾袋可承受張力、振幅、頻率，與震盪延時的影響。由於震盪時須停止供給氣流以避免再揚起，因此常運用多室或多段排列，以分室或分段方式輪流震盪以達到持續操作的目的。

空氣逆洗法主要是在停止操作時，於過濾的反方向引入常壓乾淨空氣，使濾袋產生皺褶與凹陷，附著於濾材上的塵餅便自然破裂，落入漏斗中而達到清洗之目的。空氣逆洗法較機械震盪法緩和，較不易損傷濾材，因此可以使用抗磨性較差的濾材。操作時與機械振盪法類似，通常使用多個分隔室組成濾袋室，當一個濾室進行清洗時，其他濾室仍可正常運作。

脈衝清除法則是以外部過濾法使粉塵收集於濾袋外部表面，再由濾袋上方的文氏管往下噴出乾淨壓縮空氣，形成壓力波往下移動，濾袋受壓力波衝擊而膨脹，此時濾布外層的塵餅即破裂而落入漏斗中。

至於整體換氣裝置所使用的空氣過濾除塵裝置，則是以高性能過濾網（high efficiency particulate air filter，簡稱 HEPA）為主，於潔淨室(clean room)中，則會使用除塵效率更佳之極高性能過濾網(ultra low penetration) （particulate air filter，簡稱 ULPA）。各種空氣過濾器可依使用場所及設置地點之不同而分為下列幾種：

1. 初級過濾網(prefilter)。
2. 中級過濾網（medium efficiency filter，即一般 bag filter）。
3. 準高性能過濾網（準 HEPA）。
4. 高性能過濾網(HEPA)。
5. 極高性能過濾網(ULPA)。
6. 超高性能過濾網（超 ULPA）。
7. 其他形式。

上述各種空氣過濾網之特性，如表 5-3 所示：

◢ 表 5-3　各型空氣濾網之特性

| 類別 | 適用微粒直徑 (μm) | 適用微粒濃度 ($mg/m^3$) | 壓力損失 (mmHg) | 除塵效率 (%) | 過濾網材質 | 用　途 |
| --- | --- | --- | --- | --- | --- | --- |
| 初級過濾網 | ≧5 | 0.1～7 | 3～20 | 70～85（重量法） | 合成纖維玻璃纖維 | 外氣處理，空調箱前端處理。 |
| 中級過濾網 | ≧1 | 0.1～0.6 | 8～25 | 60～95（比色法） | 同上 | 高性能過濾網之前端用或循環空氣前端用。 |
| 準 HEPA | ≧0.3 | ≦0.3 | 15～35 | ≧80 (0.3 μm DOP) | 玻璃紙 | Class 100 ～ 10,000 潔淨室最終過濾網 |

表 5-3 各型空氣濾網之特性（續）

| 類別 | 適用微粒直徑 (μm) | 適用微粒濃度 (mg/m$^3$) | 壓力損失 (mmHg) | 除塵效率 (%) | 過濾網材質 | 用途 |
|---|---|---|---|---|---|---|
| HEPA | ≧0.3 | ≦0.3 | 25～50 | 99.97 (0.3 μm DOP) | 同上 | Class 100 ～ 10,000 潔淨室最終過濾網 |
| ULPA | 0.1～0.3 | ≦0.1 | 25～50 | 99.995 (0.1 μm DOP) | 特殊玻璃紙 | 潔淨度 1～100 級用 |
| 超 ULPA | 0.1～0.05 | ≦0.1 | 25～50 | 99.99995 (0.05 μm DOP) | 同上 | 潔淨度 1 級用 |

## 六、洗滌器

洗滌器為濕式除塵裝置，一般可同時處理廢氣中的粒狀與氣態有害物，是利用液體（通常是水）直接與粉塵接觸，利用碰撞、攔截等機制使粉塵由廢氣進入洗滌液中，以達到除塵的目的。根據氣液相接觸機制，洗滌器主要有四種型式：噴洗塔(spray tower)、旋風噴洗塔(cyclone spray chamber)、孔口式(orifice)與文氏管(venturi)。

噴洗塔的操作方式是使含粉塵廢氣進入塔內與由噴嘴噴出的水滴接觸，集塵效率可由水滴大小及數量控制。水滴噴出的方向通常是與氣流方向垂直或反向，塔內可安裝擋板以提高氣液相接觸效果。如果洗滌液重複循環使用時，必須先過濾或經其他除塵設備除塵以避免洗滌液所含的微粒阻塞噴嘴。

旋風噴洗塔是類似旋風器的濕式除塵裝置，含粉塵廢氣以切線方向進入噴洗塔，氣流產生的離心力可提高液滴分散效果，如此便可利用較小較多的液滴來提高除塵效率。含微粒的液滴也較容易由塔壁除去，濕潤的塔壁亦可減少微粒再揚起的問題。

在孔口式洗滌器中，高速廢氣流經孔口衝擊洗滌液液面而產生液滴，此空氣與液滴的混合物通過一連串擋板，較大的粉塵直接衝入液體中，較小的粉塵則與液滴接觸而合為一體，此液滴藉由重力或撞擊擋板而回到洗滌液中。孔口式洗滌器因水分損失較少而具有低液氣比，操作時需注意孔口的規格以提供高速衝擊速率。

由於洗滌器的除塵效率隨氣、液相的相對速率增加而增加，因此可使用能產生高速相對速率的文氏管，以得到高除塵效率。含粉塵廢氣通過文氏管喉部時風速可達 50～150 m/s，液滴則可由喉部高速噴出而達到更高的相對速率。含粉塵的液滴隨後在除霧裝置中與廢氣分離而達到除塵的目的。

## 七、除霧裝置(mist eliminator)

任何劇烈氣液相接觸的程序，如洗滌器等，均會產生含液滴的廢氣，此廢氣在排放前必須去除其中的霧滴，以減少白煙的產生。洗滌器上方通常裝設有除霧裝置，因為大部分液滴粒徑較大（在 150～300 微米之間），只要在低風速(5～15 m/s)，低壓力損失(5～15 mm$H_2O$)時，即可達到除霧的目的。文氏管洗滌器所產生的含液滴空氣通常是以旋風器與篩網除霧，當旋風器入口流速在 25～40 m/s 之間時，可以有效去除粒徑 75～150 微米的霧滴。

## 第三節 廢氣處理裝置

廢氣處理一般來說比除塵單純，主要是先確認廢氣組成，並根據廢氣組成選擇適當之處理裝置，在妥善操作處理的情形下，應可符合勞工安全衛生及環保法規之要求。廢氣處理裝置一般可分成吸收塔、吸附塔及化學反應器三類。

## 一、吸收塔

在吸收塔中，吸收液藉吸收作用吸收廢氣中的氣狀有害物。在吸收作用的過程中，氣體分子因濃度梯度的關係，趨使其擴散至濃度較低的吸收液表面，接著再繼續擴散至吸收液內部而溶於吸收液中，如此氣狀有害物即可由廢氣中去除。能產生吸收作用之有害物，一般是屬於水溶性的，尤其是酸性物質，如鹽酸、氫氟酸、二氧化硫、氯氣等，此時可添加鹼液（如氫氧化鈉）於吸收液中，以增加吸收效率並中和酸鹼值。吸收液飽和後，需進行廢液處理，最好能有效回收吸收液，以減少總用水量。

為提高吸收效率，吸收塔之設計需儘量增加氣液接觸面積與時間。氣液接觸之方式可分成兩種，一種是讓廢氣通過吸收液，另一方式是讓吸收液霧化成液滴噴灑至廢氣氣流中與有害物接觸。前者包括填充塔(packed tower)及平板塔(plate tower)，後者包括除塵裝置中洗滌器，如噴霧塔、文氏管等。填充塔中之填充料有許多不同的型式及材質，以符合各種不同之吸收效率要求。比較常見之填充料形狀包括拉西環(Raschig ring)、波爾環(Pall ring)、貝爾鞍(Berl saddle)、印達洛鞍(Intalox saddle)、泰勒緞帶結(Tellerette)等，這些填充料需具備的條件包括有效接觸面積大、質輕、耐用、化學安定性高等。

## 二、吸附塔

吸附與吸收都是利用氣體分子之擴散作用，所不同的是吸附劑(adsorbent)為具有多孔及高比表面積之固體物質。在吸附作用的過程中，吸附質(adsorbate)因濃度梯度的關係，趨使其擴散至濃度較低的吸附劑表面，接著再繼續擴散至吸附劑孔洞內部，最後吸附在孔洞內部表面。當吸附劑之吸附能力飽和後，需進行再生以脫附有害物，使吸附劑可重複使用，無法再生或再生後之廢氣不易處理時，飽和吸附劑成為有害事業廢棄物，需予以固化或其他適當之處理處置措施，以避免二次污染。

吸附劑之選擇與作業環境測定時固體吸附管之選擇相同，主要是根據其極性。最常用之非極性吸附劑為活性碳，主要用來吸附非極性物質，如鹵化碳氫化合物、酒精及大部分的揮發性有機溶劑蒸氣；非極性吸附劑包括矽膠、活性鋁等金屬氧化物，主要吸附極性物質，如水蒸汽、氨、甲醛、二硫化碳及丙酮等。

## 三、化學反應器

氣狀有害物可藉由化學反應，生成無害或毒性較低之物質，最常見的化學反應是氧化，包括焚化及觸媒氧化，如果燃燒熱值夠高，還可以回收熱能。不過此類可燃物之濃度一般來說較低，此時只要確定其是否能完全被氧化成二氧化碳及水等物質即可。焚化通常需要較多之購置成本及操作成本，在操作時也要特別注意火災爆炸等工安事故。

## 第四節 定期自動檢查

目前空氣清淨裝置之定期自動檢查對象，是以除塵裝置為主。除塵裝置在正常運轉時，必定隨時都在收集粉塵或污垢，經分離處理，排放乾淨空氣。因此在檢點除塵裝置時，應可隨時發現此等粉塵或污垢之堆積或附著。而此堆積或附著現象過於異常時，將會阻礙空氣之流動，因此有必要實施適當之檢查。

空氣清淨裝置與局部排氣裝置一樣，每年需按規定定期實施檢查 1 次，實施方式依職業安全衛生管理辦法之規定，其中第 41 條列舉之檢查要點共有 4 項：

1. 構造部分之磨損、腐蝕及其他損壞之狀況及程度。
2. 除塵裝置內部塵埃堆積之狀況。

3. 濾布式除塵裝置者，有濾布之破損及安裝部分鬆弛之狀況。

4. 其他保持性能之必要措施。

## 練習範例

(　　) 1. 依鉛中毒預防規則規定，從事鉛熔融或鑄造作業而該熔爐或坩鍋等之容量依規定未滿多少公升者得免設集塵裝置？ (1)10 (2)30 (3)50 (4)100。【甲衛 1-45】

(　　) 2. 下列何種空氣清淨方法適用於氣態有害物之除卻處理？ (1)吸收法 (2)離心分離法 (3)過濾法 (4)靜電吸引法。【乙 1-414】

(　　) 3. 關於空氣清淨裝置之敘述，下列哪些正確？ (1)在污染物質排出於室外前，以物理或化學方法自氣流中予以清除之裝置 (2)裝置應考慮運行成本，污染物收集效率，以及可正常維護和清潔 (3)除塵裝置有充填塔（吸收塔）、洗滌塔、焚燒爐等 (4)氣狀有害物處理裝置有重力沉降室、慣性集塵機、離心分離機、濕式集塵機、靜電集塵機及袋式集塵機等。【甲衛 3-395】

(　　) 4. 依粉塵危害預防標準規定，設置局部排氣之規定，下列哪些正確？ (1)氣罩一設置於每一粉塵發生源 (2)導管長度宜儘量延長，以涵蓋較多範圍 (3)肘管數儘量增多，並於適當位置開啟易於清掃之清潔口 (4)排氣機應置於空氣清淨裝置後之位置。【乙 1-375】

5. 請列舉 4 種常用來處理廢氣中粒狀污染物的控制設備，並分別說明其控制原理。【2017 地方特考三等環保技術-環境污染防治技術 5】

6. 袋式集塵器為常用的粒狀污染物控制設備，請問袋式集塵器的主要使用時機及設計原則為何？【2017 地方特考四等環保行政/技術-環境污染防治技術概要 5】

7. 請分別說明以下空氣污染控制設備的設計原理及除塵機制，並針對其優點各舉 2 例進行說明。

   (1)濾袋式集塵器。

   (2)靜電式集塵器。【2017 地方特考四等環境工程-空氣污染與噪音控制技術概要 4】

8. 請說明空氣中粒狀污染物之控制機制及 4 種主要控制設備。【2019 高考三級-環保技術-環境污染防治技術 1】

9. 主要分為防潑水層、不織布層及皮膚接觸層，若此 3 層對粉塵的過濾效率分別為 30.0%、60.0%、30.0%。此口罩對粉塵的總過濾效率為多少%？【2020-1#10】Ans：80.8%

# 06
Chapter

# 排氣機

## 第一節　動力性能及排氣機定律

排氣機的主要功能是要克服通風系統的壓力損失，提供作業環境所需之換氣量或通風量。排氣機動壓(fan velocity pressure, *FVP*)之計算與導管部分相似，即運用(4-4)式及(4-5)式，此時之風速為排氣機風口處之風速。排氣機靜壓(fan static pressure, *FSP*)通常是運用(4-6)式，即先計算全壓及動壓，再求出靜壓。至於排氣機全壓(fan total pressure, *FTP*)則為排氣機出口與進口處之全壓差值，即

$$FTP = \text{出口 } TP - \text{進口 } TP \quad \text{(6-1)}$$

根據(4-6)式，排氣機靜壓為排氣機全壓減去排氣機動壓，即

$FSP = FTP - FVP$

$\downarrow \quad FTP = \text{出口 } TP - \text{進口 } TP$

$= \text{出口 } TP - \text{進口 } TP - FVP$

$\downarrow \quad TP = SP + VP$

$\downarrow \quad FVP = \text{出口 } VP$

$=$（出口 $SP+$出口 $VP$）$-$進口 $TP-$出口 $VP$

$=$出口 $SP-$進口 $TP$ ........................................................(6-2)

由(6-1)式及(6-2)式，可進一步推衍 $FTP$ 與 $FSP$ 及出口 $VP$ 之關係式：

$FTP=$出口 $TP-$進口 $TP$

$FTP=$出口 $TP-$進口 $TP$

↓　出口 $TP=$出口 $SP+$出口 $VP$

$=$出口 $SP+$出口 $VP-$進口 $TP$

↓　$FSP=$出口 $SP-$進口 $TP$

$=FSP+$出口 $VP$ ............................................................(6-3)

在考慮排氣機機械效率時，通常可參考廠商提供之效能評量表(multi-rating table)，如果沒有此資料，則可參照下列公式計算排氣量、所需動力及效率之關係式：

$$\eta=\frac{Q\times FTP}{CF\times PWR}=\frac{Q\times(FSP+\text{出口}VP)}{CF\times PWR}\qquad(6\text{-}4)$$

其中 $\eta$＝排氣機機械效率

$Q$＝排氣量($m^3$/min)

$FTP$＝排氣機全壓(mm$H_2O$)

$FSP$＝排氣機靜壓(mm$H_2O$)

出口 $VP$＝排氣機出口動壓(mm$H_2O$)

$PWR$＝排氣機所需動力(kW)

$CF$＝轉換係數, 6,120

如改用英制，即壓力單位改為 $inH_2O$，排氣量單位改為 $ft^3/min$，動力單位改為馬力(hp)時，*CF* 改為 6,362。

排氣機在實際操作時，通常會固定在一適當之操作點(point of operation)，此操作點之決定，原則上是要根據排氣機性能曲線(fan performance curve)，典型之性能曲線如圖 6-1 所示，在此圖中通常包含兩條曲線，其中一條隨排氣量增加而增加的曲線為系統曲線(system curve)，它表示不同排氣量時，排氣機所需之動力(*PWR*)，另一條為排氣機曲線(fan curve)，代表排氣機在不同排氣量時壓力之變化，此壓力可為 *FSP* 或 *FTP*，視製造商或工程師在繪圖時所運用之數據而定。正確之操作點應是在排氣機曲線與系統曲線之交會點。

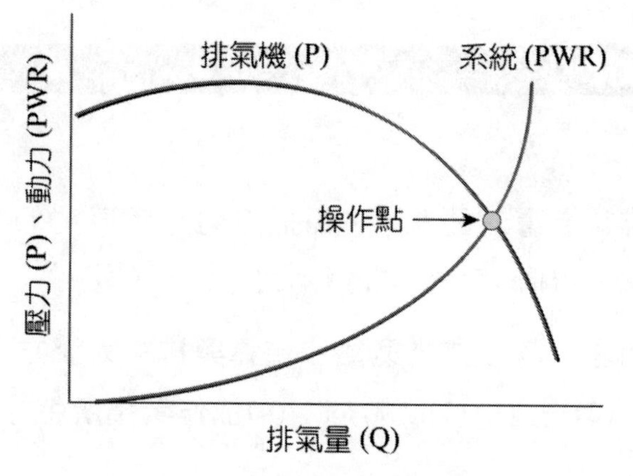


圖 6-1　典型排氣機性能曲線

圖 6-1 基本上是根據某一機型排氣機在固定大小（如直徑）及轉速（如 *RPM*）時所繪得，如果想要適用在其他大小或轉速時，可應用排氣機定律(fan laws)加以推估。排氣機定律主要是應用幾何相似(geometrically similar)原理，比較常用到的參數包括排氣機大小(*SIZE*)、轉速(*RPM*)、氣體密度($\rho$)、排氣量($Q$)、壓力($P$)及所需動力(*PWR*)，其中壓力可為全壓、

動壓、靜壓、排氣機全壓或排氣機靜壓。當排氣機大小、轉速或氣體密度改變時，排氣量、壓力及所需動力之改變情況如下所示：

$$Q_2 = Q_1(\frac{SIZE_2}{SIZE_1})^3(\frac{RPM_2}{RPM_1}) \quad \text{......(6-5)}$$

$$P_2 = P_1(\frac{SIZE_2}{SIZE_1})^2(\frac{RPM_2}{RPM_1})^2(\frac{\rho_2}{\rho_1}) \quad \text{......(6-6)}$$

$$PWR_2 = PWR_1(\frac{SIZE_2}{SIZE_1})^5(\frac{RPM_2}{RPM_1})^3(\frac{\rho_2}{\rho_1}) \quad \text{......(6-7)}$$

## 練習範例

(　) 1. 局部排氣裝置之動力源，係指下列何者？ (1)氣罩 (2)排氣機 (3)導管 (4)排氣口。【乙 3-415】

(　) 2. 一般而言，離心式排氣機的進氣與排氣氣流方向為何？ (1)同方向 (2)垂直 (3)反方向 (4)依作業場所特性做調整。【乙 3-416】

(　) 3. 一般而言，軸流式排氣機的進氣與排氣氣流方向為何？ (1)同方向 (2)垂直 (3)反方向 (4)依作業場所特性做調整。【乙 3-417】

(　) 4. 有關風管的敘述，下列何者錯誤？ (1)送風風速與風管有效斷面積成反比 (2)送風速度大可節省風管材料 (3)送風速度大會增加出風噪音 (4)送風速度大可減少送風動力。【2012 建築師・建築環境控制 14】

5. 試說明何謂風扇定律？【2014 礦業安全技師－礦場通風與排水 5】

6. 假定坑道之通風抵抗（風阻）為一定，請依扇風機之 3 法則說明通風量、風壓、風葉迴轉數與所需動力間之關係。【2012 礦業安全技師－礦場通風與排水】

7. 事業單位為加強排氣效果，增加排氣機轉速，使氣罩表面風速增為原來之 1.2 倍。依排氣機定律(fan laws)，請計算排氣機所需動力，增為原來之幾倍。【2018-1#10】Ans：1.728

8. 風車（轉輪直徑為 0.4 公尺）操作條件如下：
   - 轉速：900 轉／分鐘(900 rpm)
   - 風量：20 立方公尺／分鐘(20 $m^3$/min)
   - 靜壓：7.5 公分水柱
   - 消耗功率：1.4 馬力(hp)

   (1) 若想藉由提高轉速以增加抽氣量為 25 立方公尺／分鐘，請說明調整後之風車轉速(rpm)、靜壓值（公分水柱）、消耗功率（馬力）。

   (2) 若想選用較大尺寸風車增加抽氣量為 25 立方公尺／分鐘，但維持轉速不變。請說明新風車轉輪直徑（公尺）、消耗功率（馬力）。

   【2017 環境工程技師－空氣污染與噪音工程 3】

9. 一般而言，同一風扇，其出風量 Q 與葉片轉速 n 成正比，出風靜壓 ΔP 與葉片轉速 $n^2$ 成正比，耗電量 E 與葉片轉速 $n^3$ 成正比；葉片旋轉噪音值 L 與轉速關係為 $L=K_1+K_2*\log(n/n_0)$，其中 $K_1$、$K_2$ 為常數，n 為轉速，$n_0$ 為參考轉速。一般而言，葉片轉速減半時，L 降低 15 dBA。現有一風扇，n=300 rpm 時，Q=1,500 $m^3$/hr、ΔP=10 $mmH_2O$、E=60 W、L=60 dBA。試估算 n=200 rpm 時，Q、ΔP、E、L 值。【2017 地方特考三等環保行政-空氣污染與噪音防制 6】

# 第二節　排氣機種類與選擇

## 一、排氣機種類

排氣機之總稱應是空氣驅動裝置(air driving device)，泛指風扇(fan)、鼓風機(blower)、渦輪(turbine)、噴流器(ejector)、排風機(exhauster)，甚至包括壓縮機(compressor)與真空泵(vacuum pump)等，能使空氣持續流動的設備。工業界所謂送風機一般指的是風扇及鼓風機，兩者以壓力作區隔，其中風扇之壓力通常未滿 0.1 Kg/cm$^2$，鼓風機之壓力則在 0.1～1 Kg/cm$^2$之間，至於壓縮機之壓力則是大於 1 Kg/cm$^2$。工業通風常用的空氣驅動裝置主要是風扇及排風機，局部排氣時有時會運用噴流器，本章節配合職安法有關法規，將上述空氣驅動裝置先一致用排氣機稱呼之，如有個別特定型式時，再以其專用名詞稱呼之。

排氣機一般分成 2 種基本型態：軸流式(axial)及離心式(centrifugal)，而其材質也有多種，包括鋼、不銹鋼、鋁、玻璃纖維與塑膠等。在選擇排氣機時，需根據各種系統需求，如壓損大小、防腐蝕（酸、鹼、有機溶劑）、抗高溫（熔爐），或防爆等，選擇適當之型態及材質。

軸流式排氣機的基本型式可分為 3 種：螺旋槳式(propeller)、管狀軸流式(tube-axail)以及導流板軸流式(vane-axial)，其氣流是由排氣機轉動軸方向流入，共沿轉動軸方向流出，即氣流流向和排風機轉動軸同方向，如一般的電風扇，而整體換氣裝置所使用的排氣機，通常也是屬於軸流式，包括設置在廠房屋頂及周邊牆壁之排氣機。

離心式排氣機的基本型式也可分為 3 種：前曲風葉型(forward curved)、後曲風葉型（backward curved，或 backward inclined）以及輻射風葉型(radial impeller)，離心式排氣機廣泛應用於局部排氣系統及具有迴流導管之整體換氣系統。

## 二、排氣機選用原則

選擇排氣機時，不僅要考慮排氣量及功率，也要考慮廢氣特性、操作溫度、傳動方式及安裝，其考慮事項條列於下：

1. 應具備足夠的所需排氣量。
2. 排氣機動力及功率應足以克服全系統所必要靜壓或全壓。
3. 廢氣之性質與污染程度。
   (1) 含少量粉塵或燻煙時，可選用後曲風葉離心式或軸流式排氣機；若有輕度粉塵、燻煙或濕氣時，可選用後曲風葉或輻射風葉型排氣機；若粉塵濃度高時則選用輻射風葉型排氣機。
   (2) 含爆炸或可燃性物質時，應使用防止火花產生之結構，如果此廢氣會流經馬達，則應使用防爆型馬達。
   (3) 含腐蝕性物質時，應使用防蝕塗層或特殊結構材料如不銹鋼、玻璃纖維等。
   (4) 高溫氣流：溫度會影響材料強度，因此需選擇耐高溫之材質。
4. 依所需功能選用適當尺寸的排氣機，並且考慮吸入口尺寸、設置位置、排氣機重量，及是否易於維護保養。
5. 直結傳動式(direct drive)或皮帶傳動式(belt drive)驅動裝置之選擇：直結傳動式具有較緊密的組合，可確保排氣機轉速固定；皮帶傳動式能選擇驅動比率，具有改變排氣機轉速之彈性，在製程、氣罩設計、設備位置或換氣裝置有所變動時，能供能力及壓力條件的改變。
6. 噪音音量的容許程度：排氣機噪音係由排氣機框內擾流而產生，隨排氣機種類、風量、壓力及排氣機效率而異，大部分排氣機所產生的噪音為各種頻率混合的白噪音(white noise)，除了白噪音外，輻射風葉型排氣機也會產生具有風葉經過頻率(blade passage frequency, BPF)的純噪音。

7. 吸入口、排出口、軸(shaft)、驅動位置及清潔孔等裝置之安全性。

8. 排水裝置、清潔孔、接合外框(split housing)及軸封等與維護保養有關之重要附屬裝置。

9. 風量控制，在排氣機入口及出口位置裝設調節風門(damper)

10. 其他如排氣機回轉數、機械效率、傳動效率及所需之能量等。

### 練習範例

( ) 1. 關於排氣機之敘述，下列何項不正確？ (1)是局部排氣裝置之動力來源 (2)其功能在使導管內外產生不同壓力以帶動氣流 (3)軸心式排氣機之排氣量小、靜壓高、形體較大，可置於導管內，適於高靜壓局部排氣裝置 (4)排氣機出口處緊鄰彎管(elbow)，容易因出口處的紊流而降低排氣性能。【甲衛 3-257】

## 第三節 排氣機理論動力演算

局部排氣裝置中，排氣機所需之動力，可由(6-8)式計算而得，如果假設排氣機的機械效率(η)為 100%，則(6-8)式中的 PWR 即為排氣機所需之理論動力。由(6-8)式中可得知，只要計算得到排氣機全壓(FTP)，再乘以流率(Q)，再把轉換係數(CF=6120)代入(6-8)式中，即可求解。

排氣機全壓(FTP)為排氣機之出口全壓與進口全壓之壓力差。一般而言，排氣機之進口全壓，即為整個局部排氣系統中，所有裝置之靜壓及動壓之總合，而所有裝置之靜壓需計算來自氣罩、導管，以及空氣清淨裝置等所有組件的靜壓損失。有鑑於計算之繁複，以及方便讀者學習與閱讀，現以僅設有一組單一氣罩之局部排氣系統為例，說明排氣機所需動力之計算流程。如果局部排氣系統的氣罩或導管數量過多，則可能需要電腦程式來輔助計算。

**範例** 有一局部排氣系統，其組成如圖 6-2 之示意圖所示，相關數據如下所示，請計算其所需之理論動力。

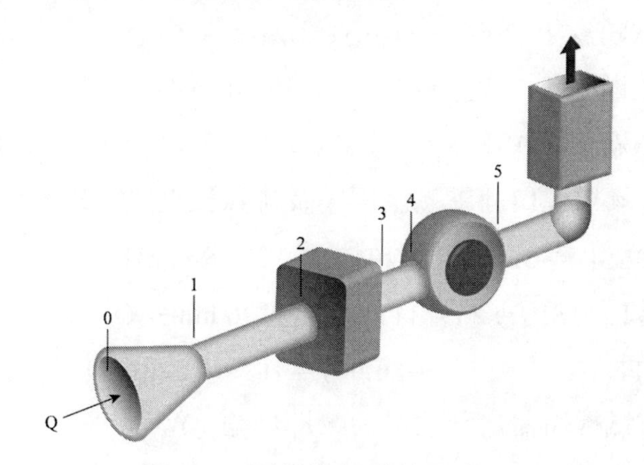


圖 6-2 局部排氣系統示意圖

其中 0-1 為氣罩，其流入係數，$C_e$ = 0.98，流率，Q = 6 $m^3$/min

1-2 為直線導管，單位管長之摩擦損失，$P_{R1-2}$ = 2.2 mm$H_2O$/m，總長度，$L_{1-2}$ = 5 m，動壓，$PV_{1-2}$ = 50 mm$H_2O$

2-3 為空氣清淨裝置，壓力損失，$P_{R2-3}$ = 40 mm$H_2O$/m

3-4 為直線導管，單位管長之摩擦損失，$P_{R3-4}$ = 2.0 mm$H_2O$/m，總長度，$L_{3-4}$ = 4 m，其動壓，$PV_{3-4}$ = 25 mm$H_2O$

4-5 為排風機，其出口全壓，$TP_5 = 15\ mmH_2O$，求理論 PWR = ？【84 高考二級工安－衛概】

解：

1. 首先計算各段之靜壓損失，ΔSP：

   0-1：依(4-32)式，$\Delta SP_{0-1} = -VP_{1-2}/C_e^2 = -50/0.98^2 = -52.06\ mmH_2O$

   1-2：依題意，$\Delta SP_{1-2} = -P_{R1-2} \times L_{1-2} = -2.2 \times 5 = -11\ mmH_2O$

   2-3：依題意，$\Delta SP_{2-3} = -P_{R2-3} = -40\ mmH_2O$

   3-4：依題意，$\Delta SP_{3-4} = -P_{R3-4} \times L_{3-4} = -2.0 \times 4 = 8\ mmH_2O$

2. 計算排氣機進口靜壓、全壓、及排氣機全壓，FTP：

   $SP_4 = \Sigma\Delta SP = -52.06-11-40-8 = -111.06\ mmH_2O$

   $TP_4 = VP_4 + SP_4 = 25 - 111.06 = 86.06\ mmH_2O$

   $FTP = TP_5 - TP_4 = 15 - (-86.06) = 101.06\ mmH_2O$

3. 計算排氣機所需之理論動力，即理論 PWR：

   依(5-4)式，理論 $PWR = Q \times FTP / CF = 6 \times 101.06 / 6120 = 0.1\ kW$

## 練習範例

1. 有一攜帶式局部排氣裝置(portable local exhaust ventilation)，具有一 $15^o$ 鐘型氣罩，依序連接一 1.5 公尺圓形吸氣導管，一空氣清靜裝置，一 0.5 公尺圓形排氣導管，一離心式排氣扇，及排氣扇出口。若鐘型氣罩之氣罩進入損失係數 $F_h$ 為 0.2，吸氣導管之動壓 $P_v$ 為 25 $mmH_2O$，所有導管之單位長度壓力損失皆為 $P_{duct}$=2.5 $mmH_2O$，空氣清靜裝置壓力損失 $P_{cleaner}$=50 $mmH_2O$，排氣導管之動壓 $P_v$ 為 15 $mmH_2O$，排氣扇出口處總壓 $P_{TOut}$=25 $mmH_2O$，導管平均直徑為 15 公分，導管內平均風速為 V=12 m/s，而排氣扇之機械效率為 0.56，動力單位轉換係數為 6120，試計算：

(1) 該攜帶式局部排氣裝置之氣罩靜壓為多少 $mmH_2O$？

(2) 導管平均排氣量為多少 $m^3/min$？

(3) 該攜帶式局部排氣裝置所需之理論動力為多少(kW)？【2015 工礦衛生技師－環控 1】

2. 以焊接作業之單一氣罩系統為例，說明局部排氣裝置之設計及其內涵為何？又為使所設計之前述裝置發揮預期之功能，在設計之前應對哪 3 大類之訊息予以有效掌握？【2011 工礦衛生技師－作業環境控制工程 2】

3. 某公司製造部門有粉塵作業，為避免勞工遭受粉塵之危害，該作業場所設有局部排氣裝置，如下圖，某日勞工甲以皮托管(pitot tube)分別測定空氣清淨裝置前後及排氣機前後的靜壓發現：

(1) 空氣清淨裝置前的靜壓($c_1$)降低，空氣清淨裝置後的靜壓($c_2$)增加。

(2) 排氣機後的靜壓($f_2$)不變，排氣機前後靜壓差($f_2$-$f_1$)減少。

試評估該通風系統目前之缺失及應採取之措施。【2010-3 甲衛 5-2】

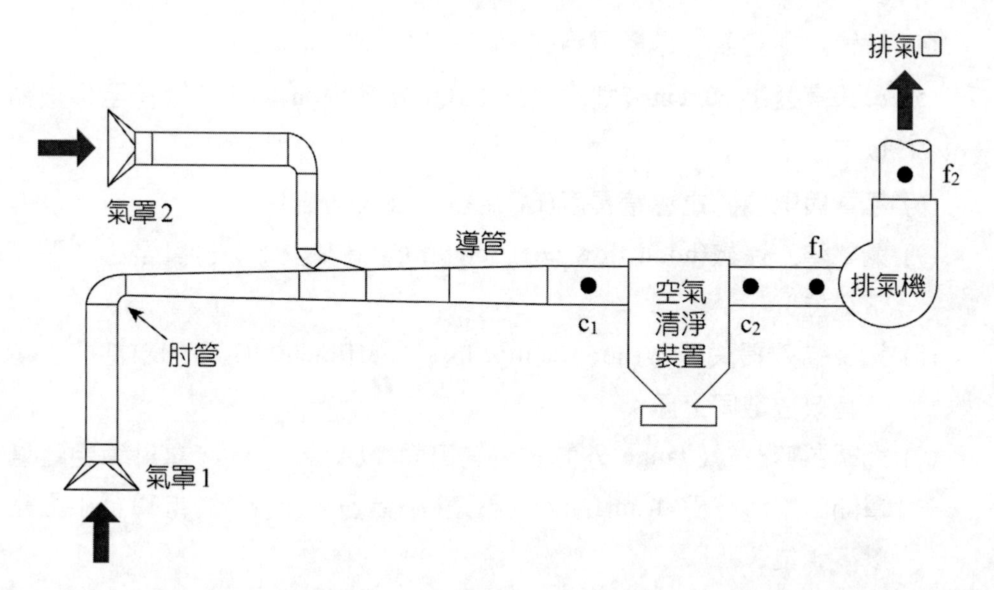

$c_1, c_2$：空氣清淨裝置前與後靜壓測定點測定結果

$f_1, f_2$：排氣機前與後靜壓測定點測定結果

4. 下表為某一圓形導管內風扇上、下游共 4 個測點所測得空氣壓力(air pressure)值，請計算或回答下列各項（請列明計算過程；資訊不完全時，請自行合理假設）。

| 測點代號 | 空氣壓力(mmH2O) | | | 連連看 | 測點位置 |
|---|---|---|---|---|---|
| | 靜壓(SP) | 動壓(VP) | 全壓(TP) | | |
| 1 | (a) | +4.0 | +7.0 | | 氣罩與導管連接處 |
| 2 | +2.0 | (b) | +6.1 | | 風扇進口 |
| 3 | -10.6 | (c) | -6.6 | | 風扇出口 |
| 4 | -8.2 | +4.0 | (d) | | 距風扇出口 1 公尺處 |

(1) 試求表中 a、b、c、d 四處之相關壓力值？

(2) 各測點之代號為何？請以連連看方式回答。

(3) 有 1 測點之全壓數值可能有誤，該測點代號為何？正確值應是多少？

(4) 導管內之空氣平均搬運風速($v_d$)為多少 m/s？

(5) 導管直徑(d)20 cm，則空氣流率($Q_1$)為多少 $m^3/s$？（計算至小數點以下 3 位）

(6) 氣罩與風扇間之導管長度($L_1$)為多少公尺？

(7) 氣罩進入係數(hood flow coefficient, $C_e$)為多少？（計算至小數點以下 2 位）

(8) 氣罩進入損失係數(hood entry loss coefficient, $C_{hood}$, $F_h$)為多少？（有效位數同上題）

(9) 氣罩為無凸緣(flange)外裝式，開口面積(A)為 1 $m^2$，請計算距離氣罩開口中心線外 1 m 處(x)之風速($v_1$)為多少 m/s？（計算至小數點以下 3 位）

(10)風扇之總功率為 0.82，則其所需功率為多少 W？（計算至個位數）

(11)今加一吸氣導管至此系統，於風扇進口前會合，此導管於接合處之靜壓設計值為 9.7 $mmH_2O$，通風量($Q_2$)同 $Q_1$。請問此導管設計值是否需要校正？如要，校正後流量($Q_{2,\ new}$)為多少 $m^3/s$？（計算至小數點以下 3 位）

(12)為同時達成此二吸氣導管之效能，風扇之轉速(rpm)需增加為原來之幾倍？（計算至小數點以下 2 位）

(13)耗電量為原來之幾倍？（計算至小數點以下 1 位）【中國醫大考古題】

5. 有個局部排氣系統，具有開口圓形氣罩直徑 1 m，依序連接(1)圓形導管，(2)空氣清淨裝置，(3)圓形排氣導管，(4)離心式排氣扇，及煙囪；氣罩口風速 = 10 m/sec，氣罩進口總損失為 1 PV + 0.75 PV，風管摩擦係數 Hf = 0.1/m；風管長 10 m，風管平均風速 15 m/sec；總共有 3 個 R/D = 2，90 度肘管損失係數 K=0.27；空氣清淨器(air cleaner)壓損為 $P_{cleaner}$ = 50 $mmH_2O$；煙囪 5 m，煙囪平均風速 15 m/sec；而排氣扇之機械效率為 0.56，動力單位轉換係數為 4500，試計算：

(1) 該局部排氣裝置排氣量為多少 $m^3/sec$？

(2) 該局部排氣裝置全壓損為多少 mm $H_2O$？

(3) 該局部排氣裝置排氣機所需之理論動力為多少馬力(hp)？

（提示：$V=\sqrt{\dfrac{2g}{\rho}\times P_V}=\sqrt{\dfrac{2\times 9.8}{1.2}\times P_V}=4.04\sqrt{P_{V\ (mmH_2O)}}(\mathrm{m/sec})$

$BHP=\dfrac{Q_{(\mathrm{CMM})}\times P_{t(\mathrm{mmH_2O})}}{4500\times\eta}(\mathrm{hp})$）【2019 職業衛生技師-環控 2】

• MEMO •

# 07 Chapter 工業通風實務與應用

## 第一節　現勘指引

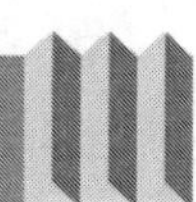

為瞭解工作場所實況，相關人員，包括廠務管理人員、安全衛生專責人員、通風空調工程師、職業病醫師護士等，通常會視情況先進行現勘(walk-through)，以提供環境測定、環境工程改善或職業病診療等工作之參考。由於各工作場所特性差異極大，且參與現勘人員可能是高階管理人員或是非廠內員工，對現場作業細節尚未深入瞭解或對通風有關事務較不熟悉，因此先簡述幾個現勘時要注意或事先要預習之事項：

1. 觀察勞工作業方式及其呼吸區位置及高度。
2. 找出空氣中有害物發生源及其散布方式，判斷是否會經過勞工呼吸區。例如有一勞工在工作檯上焊錫，而有一風扇在其腦後抽氣，那麼焊錫時所產生之燻煙將會經過此勞工之呼吸區。如果有一勞工頭部伸入一上向吸引式排氣櫃內部，此時櫃中的有毒氣體在被往上吸引時，也會經過該勞工呼吸區。反之，如果此排氣櫃換成層流式，且清淨空氣先經由 HEPA 濾網，再由上往下經由檯面之細縫通過時，該勞工就比較不會暴露在有害氣體中，因通過呼吸區的空氣是有經過過濾處理的。
3. 尋找通風死角，該處可能會累積有害物。

4. 詢問現有之通風條件能否在門窗緊閉時，提供足夠之換氣量。在天氣太冷或太熱時，常會為了節約能源，而把空調進氣口關掉，由換氣模式改成循環模式，而讓新鮮空氣無法充分進入室內。

5. 詢問空調進氣口位置，最好到該處檢視。空調進氣口需避免錯接情形，例如不能設在停車場或交通頻繁的道路附近，因為該處空氣中含有太多車輛廢氣。如果設在屋頂，也要注意避免設在煙囪或排氣口之下風處。

6. 對於辦公室等工作場所，應瞭解氣密建築物(tight building)的潛在問題，如室內空氣品質以及病態建築物症候群(sick building syndrome, SBS)。

7. 瞭解該工作環境之勞工健康保護原則，確認一個前提，那就是適當的通風及工程改善是保護勞工健康的首要措施，其次才是個人防護設備。

### 練習範例

1. 作為一位負責作業現場職業衛生工作的專責工業衛生技師，在進行作業現場污染物暴露與可能危害評估時，應先觀察、蒐集哪些資訊？以便有效掌握、管理或控制作業現場的潛在職業風險。【2016 工礦衛生技師－衛生管理實務 3】

## 第二節　整體換氣與局部排氣之選擇比較

為使讀者對前述之整體換氣裝置與局部排氣裝置，有整體性之觀念，且在選擇通風方式及操作維護各方面，能夠有所依循，特將整體換氣與局部排氣之特性列於表 7-1，以供讀者參考。

表 7-1 整體換氣與局部排氣之對照表

| 特性 | 整體換氣 | 局部排氣 |
| --- | --- | --- |
| 基本原理 | 有害物自發生源逸散，並稀釋至容許濃度值以下 | 有害物自發生源捕集，並自導管中移除 |
| 使用時機 | 低毒性、低危害性<br>氣狀有害物<br>勞工遠離有害物發生源<br>有害物產生速率低且穩定<br>有害物發生源多且分布廣<br>一般作業環境 | 高毒性、高危害性<br>氣狀及粒狀有害物<br>勞工靠近有害物發生源<br>有害物產生速率快且多變<br>有害物散布區需清淨<br>較惡劣環境 |
| 系統組成 | 排氣機、導管、排風及回風口 | 氣罩、導管、排氣機、排氣口 |
| 通風量及通風時間 | 穩定狀態<br>$Q = GC / K$<br>通氣<br>$t = (KV / Q) \times \ln(C_1 / C_2)$<br>換氣<br>$t = (KV / Q) \times \ln[G / (G - QC / K)]$ | 捕捉型氣罩<br>$Q = f$（氣罩型式、捕捉風速、捕捉距離）<br>包圍型氣罩<br>$Q$ = 開口面積×表面風速<br>接受型<br>$Q = f$（氣罩型式、大小及方位） |
| 壓力損失 | 無導管時，不考慮壓損<br>循環系統之導管同局部排氣系統 | 各組成之壓損由動壓推估<br>由總壓損推估排氣機動力 |
| 排氣機 | 通常是軸流式<br>循環系統導管較長時採離心式 | 靜壓損失大時用離心式<br>懸吊型或導管較粗較短時可採軸流式 |
| 空氣清淨裝置 | 通常未使用<br>循環式空調有用 HEPA 濾網 | 針對粒狀或氣狀有害物作選擇 |
| 性能測試 | 氣流型態（如發煙管）<br>排氣機流量、動力 | 氣罩控制風速<br>導管搬運風速<br>排氣機流量、動力<br>氣罩、導管靜壓 |

## 第三節 局限空間

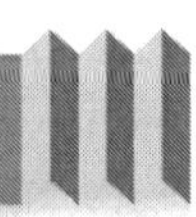

近年來常見報章雜誌報導工作者在通風不良的作業環境中造成傷亡，此通風不良的場所，較正式之用語為局限空間(confined space)，根據美國職業安全衛生研究所（National Institute of Occupational Safety and Health，簡稱 NIOSH）之定義，局限空間為進出開口有限制，自然及機械通風不良，導致空氣中可能含有或產生危害生命之有害物，且非預定作為勞工連續停留之空間。依職業安全衛生設施規則第 19-1 條之定義、局限空間指非供勞工在其內部從事經常性作業，勞工進出方法受限制，且無法以自然通風來維持充分、清淨空氣之空間。

局限空間之危害主要有 4 種：有毒氣體、缺氧、火災爆炸、物理危害。其中有毒氣體包括甲烷、沼氣、硫化氫（PEL-TWA 為 10 ppm）、一氧化碳、二氧化碳，以及有機溶劑蒸氣，當這些有害物濃度高到某一程度後，或空間內含有易吸收氧氣之物質，皆會使氧氣濃度降低，而造成缺氧。反之，有機物在厭氧條件下，經厭氧微生物作用，會產生甲烷及硫化氫。目前局限空間所造成之傷亡，大部分都和缺氧有關。有鑑於此，勞委會於 87 年修正發布缺氧症預防規則，並大力推廣說明，期望能引起國人注意，避免悲劇一再發生。當局限空間空氣中之可燃性或易燃性氣體之濃度過高時，就有可能產生火災或爆炸。至於物理性危害主要是因為在局限空間活動時，常常因光線不良、工作不舒適，以及場所凌亂等因素，導致墜落、跌倒、物體飛落、溺水、感電、被捲、被夾、被切割、擦傷等傷害。

依缺氧症預防規則規定，缺氧指空氣中氧氣濃度未滿18%之狀態，缺氧症指因作業場所缺氧所引起之症狀。至於實際會出現缺氧症的氧氣濃度因人而異，且依個人的健康狀態而異，一般而言，空氣中氧氣低於6%以下時，其氧氣的分壓即在60 mmHg以下，處於此狀況時，勞工在5~7分鐘內即可能因缺氧而死亡。而缺氧危險作業指於缺氧危險場所從事作業，至於缺氧危險場所則有14種，茲條列於下，這些場所大致上皆符合上述局限空間之定義。

1. 長期間未使用之水井、坑井、豎坑、隧道、沉箱，或類似場所等之內部。
2. 貫通或鄰接下列之一之地層之水井、坑井、豎坑、隧道、沉箱，或類似場所等之內部。
   (1) 上層覆有不透水層之砂礫層中，無含水、無湧水或含水、湧水較少之部分。
   (2) 含有亞鐵鹽類或亞錳鹽類之地層。
   (3) 含有甲烷、乙烷或丁烷之地層。
   (4) 湧出或有湧出碳酸水之虞之地層。
   (5) 腐泥層。
3. 供裝設電纜、瓦斯管或其他地下敷設物使用之暗渠、人孔或坑井之內部。
4. 滯留或曾滯留雨水、河水或湧水之槽、暗渠、人孔或坑井之內部。
5. 滯留、曾滯留、相當期間置放或曾置放海水之熱交換器、管、槽、暗渠、人孔、溝或坑井之內部。
6. 密閉相當期間之鋼製鍋爐、儲槽、反應槽、船艙等內壁易於氧化之設備之內部。但內壁為不銹鋼製品或實施防銹措施者，不在此限。
7. 置放煤、褐煤、硫化礦石、鋼材、鐵屑、原木片、木屑、乾性油、魚油或其他易吸收空氣中氧氣之物質等之儲槽、船艙、倉庫、地窖、貯煤器或其他儲存設備之內部。

8. 以含有乾性油之油漆塗敷天花板、地板、牆壁或儲具等，在油漆未乾前即予密閉之地下室、倉庫、儲槽、船艙或其他通風不充分之設備之內部。
9. 穀物或飼料之儲存、果蔬之燜熟、種子之發芽或蕈類之栽培等使用之倉庫、地窖、船艙或坑井之內部。
10. 置放或曾置放醬油、酒類、胚子、酵母或其他發酵物質之儲槽、地窖或其他釀造設備之內部。
11. 置放糞尿、腐泥、污水、紙漿液或其他易腐化或分解之物質之儲槽、船艙、槽、管、暗渠、人孔、溝，或坑井等之內部。
12. 使用乾冰從事冷凍、冷藏或水泥乳之脫鹼等之冷藏庫、冷凍庫、冷凍貨車、船艙或冷凍貨櫃之內部。
13. 置放或曾置放氦、氬、氮、氟氯烷、二氧化碳或其他惰性氣體之鍋爐、儲槽、反應槽、船艙或其他設備之內部。
14. 其他經中央主管機關指定之場所。

關於預防對策方面，缺氧症預防規則及職業安全衛生設施規則已有規定，其中比較重要的措施有 7 項：通風換氣、測定氧氣濃度、使用個人防護具、準備救難用具、設置監視人、教育訓練、公告事項。以下即分項說明：

## 一、通風換氣

缺氧症預防規則第 5 條規定，雇主使勞工從事缺氧危險作業時，應予適當換氣，以保持該作業場所空氣中氧氣濃度在 18%以上。第 9 條規定，雇主使勞工於儲槽、鍋爐或反應槽之內部或其他通風不充分之場所，使用氬、二氧化碳或氦等從事熔接作業時，應予適當換氣以保持作業場所空氣中氧氣濃度在 18%以上。上述換氣時，皆不得使用純氧。

以危害風險評估與控制的角度來說，通風換氣充分，是一氧化碳中毒或缺氧危害的風險控制方法。至於充分通風換氣的規定，可見於有機溶劑中毒預防規則第 21 條，雇主使勞工於儲槽之內部從事有機溶劑作業時，應依下列規定。其中第七款規定，應送入或吸出 3 倍於儲槽容積之空氣，或以水灌滿儲槽後予以全部排出。

## 二、測定氧氣及有害氣體濃度

缺氧症預防規則第 4 條規定，雇主使勞工從事缺氧危險作業時，應置備測定空氣中氧氣濃度之必要測定儀器，並採取隨時可確認空氣中氧氣濃度、硫化氫等其他有害氣體濃度之措施。第 6 條規定，雇主使勞工從事隧道或坑井之開鑿作業時，為防止甲烷或二氧化碳之突出導致勞工罹患缺氧症，應於事前就該作業場所及其四周，藉由鑽探孔或其他適當方法調查甲烷或二氧化碳之狀況，依調查結果決定甲烷、二氧化碳之處理方法、開鑿時期及程序後實施作業。第 16 條規定，雇主使勞工從事缺氧危險作業時，於當日作業開始前、所有勞工離開作業場所後再次開始作業前及勞工身體或換氣裝置等有異常時，應確認該作業場所空氣中氧氣濃度、硫化氫等其他有害氣體濃度。目前之測定儀器多為四用氣體偵測器，尚可監測一氧化碳(CO)及可燃性氣體(LEL)。

## 三、使用個人防護具

缺氧症預防規則第 25 條規定，雇主使勞工從事缺氧危險作業，未能實施換氣時，應置備適當且數量足夠之空氣呼吸器等呼吸防護具，並使勞工確實戴用。第 26 條規定，勞工有因缺氧致墜落之虞時，應供給該勞工使用之梯子、安全帶或救生索，並使勞工確實戴用。

## 四、置備救難設備用具及救援人員

缺氧症預防規則第 27 條規定，雇主使勞工從事缺氧危險作業時，應置備空氣呼吸器等呼吸防護具、梯子、安全帶或救生索等設備，供勞工緊急避難或救援人員使用。第 28 條規定，雇主應於缺氧危險作業場所置救援人員，於其擔任救援作業期間，應提供並使其使用空氣呼吸器等呼吸防護具。

## 五、設置監視人

缺氧症預防規則第 21 條規定，雇主使勞工從事缺氧危險作業時，應指派 1 人以上之監視人員，隨時監視作業狀況，發覺有異常時，應即與缺氧作業主管及有關人員聯繫，並採取緊急措施。

至於勞工之進入許可，依職業安全衛生設施規則第 29-6 條規定，應由雇主、工作場所負責人或現場作業主管簽署後，始得使勞工進入作業。對勞工之進出，應予確認、點名登記，並作成紀錄保存 1 年。

## 六、教育訓練

缺氧症預防規則第 24 條規定，雇主對從事缺氧危險作業之勞工，應依職業安全衛生教育訓練規則規定施予必要之安全衛生教育訓練。

## 七、公告事項

缺氧症預防規則第 18 條規定，雇主使勞工於缺氧危險場所或其鄰接場所作業時，應將下列注意事項公告於作業場所入口顯而易見之處所，使作業勞工周知。且雇主應禁止非從事缺氧危險作業之勞工，擅自進入缺氧危險場所；並應將禁止規定公告於勞工顯而易見之處所：

1. 有罹患缺氧之虞之事項。
2. 進入該場所時應採取之措施。
3. 事故發生時之緊急措施及緊急聯絡方式。
4. 空氣呼吸器等呼吸防護具、安全帶等、測定儀器、換氣設備、聯絡設備等之保管場所。
5. 缺氧作業主管姓名。

## 練習範例

( ) 1. 下列敘述何者非屬職業安全衛生設施規則所稱局限空間認定之條件？ (1)非供勞工在其內部從事經常性作業 (2)勞工進出方法受限制 (3)無法以自然通風來維持充分、清淨空氣之空間 (4)狹小之內部空間。【甲衛 1-56】

( ) 2. 下列敘述何者屬職業安全衛生設施規則所稱局限空間認定之條件？ (1)非供勞工在其內部從事經常性作業 (2)勞工進出方法受限制 (3)無法以自然通風來維持充分、清淨空氣之空間 (4)狹小之內部空間。【甲衛 3-123】

( ) 3. 非供勞工在其內部從事經常性作業，勞工進出方法受限制，且無法以自然通風來維持充分、清淨空氣之空間稱為 (1)局限空間 (2)密閉空間 (3)高壓作業空間 (4)低壓作業空間。【化測甲 1-140】

( ) 4. 依缺氧症預防規則規定，缺氧危險作業場所係指空氣中氧氣濃度未達多少%之場所？ (1)14 (2)16 (3)18 (4)20。【乙 1-199, 甲衛 1-51, 化測甲 1-73】

(　) 5. 進行液態氮鋼瓶充填作業之地下室，若外洩之氮氣充滿地下室，當勞工進入時易發生下列何災害？ (1)中毒 (2)過敏 (3)缺氧窒息 (4)火災。【甲衛 3-64】

(　) 6. 當油漆工在密閉地下室作業一段時間後，不會發生下列何症狀？ (1)拉肚子 (2)頭昏 (3)頭痛 (4)心情興奮。【甲衛 3-67】

(　) 7. 空氣中氧氣低於多少%以下時，其氧氣的分壓即在 60 mmHg 以下，處於此狀況時，勞工在 5~7 分鐘內即可能因缺氧而死亡？ (1)6 (2)10 (3)16 (4)18。【甲衛 1-63】

(　) 8. 下列敘述哪些為正確？ (1)空氣中氧氣含量，若低於 6%，工作人員即會感到頭暈、心跳加速、頭痛 (2)呼吸帶(breathing zone)：亦稱呼吸區，一般以口、鼻為中心點，10 英吋為半徑之範圍內 (3)所謂評估，是指測量各種環境因素大小，根據國內、外建議之暴露劑量建議標準，判斷是否有危害之情況存在 (4)生物檢體由於成分相當複雜，容易產生所謂基質效應(matrix effect)而使偵測結果誤差較高。【甲衛 3-398】

(　) 9. 依缺氧症預防規則規定，下列何種症狀非為缺氧症之初期症狀？ (1)意識不明 (2)呼吸加快 (3)顏面紅暈 (4)目眩。【乙 1-209】

(　) 10. 依缺氧症預防規則規定，下列何種症狀為缺氧症之末期症狀？ (1)顏面蒼白 (2)脈搏加快 (3)呼吸困難 (4)痙攣。【乙 1-210】

(　) 11. 一氧化碳為危害性化學品標示及通識規則中所稱之下列何種危害物質？ (1)著火性物質 (2)有害物 (3)爆炸性物質 (4)氧化性物質。【甲安 3-80】

(　) 12. 下列何者較不致造成局限空間缺氧？ (1)金屬的氧化 (2)管件的組裝 (3)有機物的腐敗 (4)木屑的儲存。【甲衛 1-60】

( ) 13. 攪拌大型醬料醃製槽時，易發生下列何種危害？ (1)捲夾 (2)切割 (3)缺氧 (4)墜落。【甲衛 3-357】

( ) 14. 有機物在厭氧條件下，經厭氧微生物作用會產生下列何種物質？(1)$CH_3OH$、$H_2O$ (2)$O_2$、$SO_2$ (3)$CH_4$、$H_2S$ (4)$O_2$、$H_2SO_4$。【化測甲 1-107】

( ) 15. 調查局限空間缺氧引起之職業災害，下列要因何者通常與缺氧原因無「直接關係」？ (1)氣體置換 (2)化學性反應 (3)動植物之生化作用 (4)空氣溫濕度。【甲安 3-21】

( ) 16. 依缺氧症預防規則規定，下列何者非為缺氧危險場所？ (1)供裝設電纜之人孔內部 (2)地下室餐廳 (3)置放木屑之倉庫內部 (4)置放紙漿液之槽內部。【乙 1-193】

( ) 17. 依缺氧症預防規則規定，下列何者不屬於缺氧危險場所？ (1)長期間未使用之沉箱內部 (2)曾置放酵母之釀造設備內部 (3)曾滯留雨水之坑井內部 (4)密閉相當期間之鋼製鍋爐內部，其內壁為不鏽鋼製品。【乙 1-197】

( ) 18. 下列何種場所可能有缺氧危險？ (1)使用乾冰從事冷凍、冷藏之冷凍庫、冷凍貨櫃內部 (2)紙漿廢液儲槽內部 (3)穀物、麵粉儲存槽內部 (4)具有空調的教室。【甲衛 3-347】

( ) 19. 下列何種場所不屬缺氧症預防規則所稱之缺氧危險場所？ (1)礦坑坑內氧氣含量 17.5% (2)營建工地地下室氧氣含量 18.3% (3)下水道內氧氣含量 17.8% (4)加料間氧氣含量 16%。【甲衛 1-59】

( ) 20. 從事局限空間作業如有危害之虞，應訂定危害防止計畫，前述計畫不包括下列何者？ (1)危害之確認 (2)通風換氣實施方式 (3)主管巡檢方式 (4)緊急應變措施。【乙 1-211】

(　) 21. 雇主使勞工從事局限空間作業，應先訂定危害防止計畫，該計畫應包括下列哪些要項？ (1)局限空間危害之確認 (2)作業勞工之健康檢查 (3)通風換氣之實施方式 (4)作業安全及安全管制方法。【甲安 2-72】

(　) 22. 雇主對坑內或儲槽內部作業之通風，下列何者不符職業安全衛生設施規則規定？ (1)儲槽內部作業場所設置適當之機械通風設備 (2)坑內作業場所設置適當之機械通風設備 (3)儲槽內部作業場所以自然換氣能力充分供應必要之空氣量即可 (4)坑內作業場所以自然換氣能力充分供應必要之空氣量即可。【乙 3-335】

(　) 23. 缺氧危險場所採用機械方式實施換氣時，下列何者正確？ (1)使吸氣口接近排氣口 (2)使用純氧實施換氣 (3)不考慮換氣情形 (4)充分實施換氣。【乙 3-418】

(　) 24. 以下為假設性情境：「在地下室作業，當通風換氣充分時，則不易發生一氧化碳中毒或缺氧危害」，請問「通風換氣充分」係此「一氧化碳中毒或缺氧危害」之何種描述？ (1)風險控制方法 (2)發生機率 (3)危害源 (4)風險。【職安衛共同科目 42】

(　) 25. 入槽作業前應採取之措施，常包括下列何者？ (1)採取適當之機械通風 (2)測定濕度 (3)測定危害物之濃度並瞭解爆炸下上限 (4)測定氧氣濃度。【甲衛 3-359】

(　) 26. 為預防有缺氧之虞作業場所造成缺氧事故所採取的措施，下列何者為誤？ (1)開始作業前，測量氧氣的濃度 (2)為保持空氣中氧氣濃度在 18%以上，應以純氧進行換氣 (3)開始作業前，檢點呼吸防護具及安全帶等 (4)進出該作業場所人員之檢點。【化測甲 2-18】

(　) 27. 在有缺氧之虞的作業場所，下列何者為預防缺氧事故的正確措施？ (1)作業前監測氧氣濃度 (2)以純氧進行換氣，維持空氣

中氧氣濃度在 18%以上 (3)作業前檢點呼吸防護具及安全帶等 (4)檢點進出作業場所的人員。【化測甲 2-128】

( ) 28. 依有機溶劑中毒預防規則規定，雇主使勞工於儲槽之內部從事有機溶劑作業時，應送入或吸出幾倍於儲槽容積之空氣或以水灌滿儲槽後予以全部排出之措施？ (1)1 (2)2 (3)3 (4)4。【乙 1-285, 化測甲 1-118】

( ) 29. 進入局限空間作業前，必須確認氧濃度在 18%以上及硫化氫濃度在多少 ppm 以下，才可使勞工進入工作？ (1)10 (2)20 (3)50 (4)100。【甲衛 1-52】

( ) 30. 在進入甲醇儲槽清洗時，應至少測量下列哪兩種氣體濃度？ (1)氧氣 (2)氮氣 (3)二氧化碳 (4)可燃性氣體。【甲安 3-229】

( ) 31. 下列有關操作氧氣測定器之敘述何者正確？ (1)測定前，應於距測定點較近，且空氣新鮮處校正 (2)測定時，應俟指示值顯示穩定後讀值 (3)測定後，不可立即置於空氣新鮮處，以免讀值不正確 (4)測定各點所獲讀值均在 18%以上，表示作業場所無缺氧環境。【甲安 3-219】

( ) 32. 缺氧作業主管應隨時確認有缺氧危險作業場所空氣中氧氣之濃度，惟不包括下列何者？ (1)鄰接缺氧危險作業場所無勞工進入作業之場所 (2)當日作業開始前 (3)所有勞工離開作業場所再次開始作業前 (4)換氣裝置有異常時。【甲衛 1-61】

( ) 33. 依缺氧症預防規則規定，雇主使勞工從事缺氧危險作業時，未明列下列何時機應確認該作業場所空氣中氧氣濃度？ (1)當日作業開始前 (2)預估氧氣濃度衰減至規定濃度以下時 (3)所有勞工離開作業場所後再次開始作業前 (4)通風裝置有異常時。【乙 1-201】

(　) 34. 依缺氧症預防規則規定，下列敘述何者有誤？ (1)雇主使勞工從事缺氧危險作業，如受鄰接作業場所之影響致有發生缺氧危險之虞時，應與各該作業場所密切保持聯繫 (2)作業場所入口應公告監視人員姓名 (3)密閉相當期間之船艙內部，內壁實施防銹措施，仍屬缺氧危險場所 (4)勞工戴用輸氣管面罩之作業時間，每天累計不得超過 2 小時。【乙 1-198】

(　) 35. 依缺氧症預防規則規定，下列敘述何者有誤？ (1)供裝設瓦斯管之暗渠內部屬於缺氧危險場所 (2)缺氧危險作業期間應予適當換氣，但為防止爆炸致不能實施換氣者，不在此限 (3)雇主使勞工從事缺氧危險作業時，應於每一班次指定缺氧作業主管決定作業方法 (4)勞工戴用輸氣管面罩之作業時間，每天累計不得超過 1 小時。【乙 1-206】

(　) 36. 依缺氧症預防規則規定，下列何者非屬從事缺氧危險作業時應有的設施？ (1)置備測定空氣中氧氣濃度之測定儀器 (2)適當換氣 (3)佩戴醫療口罩 (4)置備空氣呼吸器。【乙 1-207】

(　) 37. 依缺氧症預防規則規定，下列敘述何者有誤？ (1)貫通腐泥層之地層之隧道內部非屬缺氧危險作業場所 (2)曾放置氮之儲槽內部屬缺氧危險場所 (3)應採取隨時可確認空氣中氧氣濃度之措施 (4)雇主使勞工從事缺氧危險作業時，應置備梯子，供勞工緊急避難或救援人員使用。【乙 3-194】

(　) 38. 依缺氧症預防規則規定，下列敘述何者正確？ (1)應指派 2 人以上之監視人員 (2)作業場所入口應公告職業安全衛生業務主管姓名 (3)曾置放海水之槽屬缺氧危險場所 (4)勞工戴用輸氣管面罩之連續作業時間，每次不得超過 30 分鐘。【乙 3-195】

(　) 39. 依缺氧症預防規則規定，下列敘述哪些正確？ (1)雇主於通風不充分之室內作業場所置乾粉滅火器時，應禁止勞工不當操作，並將禁止規定公告於顯而易見之處所 (2)以含有乾性油之油漆塗敷地板，在油漆未乾前即予密閉之地下室屬缺氧危險場所 (3)應採取隨時可確認空氣中硫化氫濃度之措施 (4)勞工戴用輸氣管面罩之連續作業時間，每次不得超過 2 小時。【乙 1-362】

(　) 40. 依缺氧症預防規則規定，下列敘述哪些正確？ (1)使用乾冰從事冷凍之冷凍貨車內部屬缺氧危險場所 (2)雇主使勞工於冷藏室內部作業時，於作業期間應採取出入口之門不致閉鎖之措施，冷藏室內部設有通報裝置者亦同 (3)雇主採用壓氣施工法實施作業之場所，如存有含甲烷之地層時，應調查該作業之井有否空氣之漏洩 (4)從事缺氧作業時，應指派 1 人以上之監視人員。【乙 1-363】

(　) 41. 依職業安全衛生設施規則規定，有危害勞工之虞之局限空間作業，應經雇主、工作場所負責人或現場作業主管簽署後始得進入，前項進入許可事項包括下列哪些？ (1)防護設備 (2)救援設備 (3)許可進入人員之住址 (4)現場監視人員及其簽名。【乙 1-364】

(　) 42. 依缺氧症預防規則規定，下列敘述何者有誤？ (1)內壁為不銹鋼製品之反應槽，屬缺氧危險場所 (2)儲存穀物之倉庫內部，屬缺氧危險場所 (3)實施換氣時不得使用純氧 (4)雇主使勞工從事缺氧危險作業時，應定期或每次作業開始前確認呼吸防護具之數量及效能，認有異常時，應立即採取必要之措施。【乙 3-196】

(　) 43. 進行槽內缺氧作業時，應穿戴何種呼吸防護器具？ (1)空氣呼吸器 (2)氧氣急救器 (3)半面式防毒面罩 (4)口罩。【甲安-1-48】

( ) 44. 在缺氧危險而無火災、爆炸之虞之場所應不得戴用下列何種呼吸防護具？ (1)空氣呼吸器 (2)氧氣呼吸器 (3)輸氣管面罩 (4)濾罐式防毒面罩。【乙 3-233】

( ) 45. 如果發現某勞工昏倒於一曾置放醬油之儲槽中，下列何項措施不適當？ (1)未穿戴防護具，迅速進入搶救 (2)打 119 電話 (3)準備量測氧氣濃度 (4)準備救援設備。【乙 1-205】

( ) 46. 下列何者非供氣式呼吸防護具之適用時機？ (1)作業場所中混雜有各式毒性物質，濾毒罐無作用時 (2)作業場所中氧氣濃度不足 18% (3)作業環境中毒性物質濃度過高，濾毒罐無作用時 (4)佩戴會影響勞工作業績效。【甲安 3-87】

( ) 47. 在救火或缺氧環境下，應使用下列何種呼吸防護具？ (1)輸氣管面罩 (2)小型空氣呼吸器 (3)正壓自給式呼吸防護具(SCBA) (4)防毒口罩。【甲安 3-90】

( ) 48. 進入缺氧危險場所，因作業性質上不能實施換氣時，宜使勞工確實戴用下列何種防護具？ (1)供氣式呼吸防護具 (2)防塵面罩 (3)防毒面罩 (4)防護面罩。【甲衛 1-58】

( ) 49. 空間狹小之缺氧危險場所，不宜使用下列何種呼吸防護具？ (1)使用壓縮空氣為氣源之輸氣管面罩 (2)自攜式呼吸防護器 (3)使用氣瓶為氣源之輸氣管面罩 (4)定流量輸氣管面罩。【甲衛 1-64】

( ) 50. 下列何種呼吸防護具，可在缺氧危險場所使用？ (1)防毒面罩 (2)輸氣管面罩 (3)空氣呼吸器 (4)氧氣呼吸器。【甲衛 3-349】

( ) 51. 有關缺氧危險作業場所防護具之敘述，下列何者有誤？ (1)勞工有因缺氧致墜落之虞，應供給勞工使用梯子、安全帶、救生索 (2)於救援人員擔任救援作業期間，提供其使用之空氣呼吸器等

呼吸防護具 (3)每次作業開始前確認規定防護設備之數量及性能 (4)置備防毒口罩為呼吸防護具，並使勞工確實戴用。【甲衛 1-62】

( ) 52. 缺氧環境下，不建議使用以下何種防護具？ (1)正壓式全面罩 (2)拋棄式半面口罩 (3)自攜式呼吸防護具 (4)供氣式呼吸防護具。【甲衛 3-230】

( ) 53. 依有機溶劑中毒預防規則規定，通風不充分之室內作業場所從事有機溶劑作業，未設通風設備且作業時間短暫時，應使勞工佩戴下列何種防護具？ (1)防塵口罩 (2)棉紗口罩 (3)輸氣管面罩 (4)活性碳口罩。【乙 1-286】

( ) 54. 在缺氧或立即致死濃度狀況下作業，應使用下列何種呼吸防護具？ (1)負壓呼吸防護具 (2)防塵面具 (3)防毒面具 (4)輸氣管面罩。【甲安 3-83】

( ) 55. 依有機溶劑中毒預防規則規定，勞工戴用輸氣管面罩之連續作業時間，每次不得超過多少小時？ (1)0.5 (2)1 (3)2 (4)3。【乙 1-287】

( ) 56. 依粉塵危害預防規則規定，勞工戴用輸氣管面罩之連續作業時間，每次不得超過多少小時？ (1)0.5 (2)1 (3)2 (4)3。【乙 1-302】

( ) 57. 依缺氧症預防規則規定，戴用輸氣管面罩從事缺氧危險作業之勞工，每次連續作業時間不得超過多久？ (1)10 分鐘 (2)30 分鐘 (3)1 小時 (4)2 小時。【乙 1-208】

( ) 58. 依缺氧症預防規則規定，勞工有因缺氧致墜落之虞時，應供給適合之設備，下列何者為非？ (1)梯子 (2)安全帶 (3)救生索 (4)手套。【乙 1-204】

(　) 59. 依缺氧症預防規則規定，有關缺氧作業主管應監督事項不包括下列何者？ (1)決定作業方法並指揮勞工作業 (2)確認作業場所空氣中氧氣、硫化氫濃度 (3)監視勞工施工進度 (4)監督勞工對防護器具之使用狀況。【甲衛 1-55】

(　) 60. 依四烷基鉛中毒預防規則規定，勞工從事加鉛汽油用儲槽作業時，下列何者有誤？ (1)如使用水蒸氣清洗時，該儲槽應妥為接地 (2)應使用換氣裝置，將儲槽內部充分換氣 (3)儲槽之人孔、排放閥等之開口部分，應全部密閉 (4)應指派監視人員 1 人以上監視作業狀況。【乙 1-303】

(　) 61. 依缺氧症預防規則規定，於缺氧危險作業場所入口之公告，不包括下列何者？ (1)罹患缺氧症之虞之事項 (2)進入該場所應採取之措施 (3)缺氧作業主管電話 (4)事故發生時之緊急措施。【乙 1-203】

(　) 62. 下列哪些為局限空間作業場所應公告使作業勞工周知的事項？ (1)進入該場所時應採取之措施 (2)事故發生時之緊急措施及緊急聯絡方式 (3)現場監視人員姓名 (4)內部空間的大小。【甲安 3-199】

(　) 63. 下列何者非屬職業安全衛生設施規則規定，局限空間從事作業應公告之事項？ (1)作業有可能引起缺氧等危害時，應經許可始得進入之重要性 (2)進入該場所時應採取之措施 (3)事故發生時之緊急措施及緊急聯絡方式 (4)職業安全衛生人員姓名。【甲衛 1-57】

(　) 64. 依缺氧症預防規則規定，下列敘述何者正確？ (1)雇主使勞工於設置有輸送氦氣配管之儲槽內部從事作業時應隨時打開輸送配管之閥 (2)作業場所入口應公告監視人員電話 (3)密閉相當期

間且內壁實施防銹措施之儲槽內部，不屬缺氧危險場所 (4)頭痛為缺氧症之末期症狀。【乙 1-200】

( ) 65. 局限空間之進入許可，依法令規定應由下列何者簽署？ (1)職業安全衛生管理乙級技術士 (2)雇主 (3)工作場所負責人 (4)現場作業主管。【物測乙 1-150】

( ) 66. 從事局限空間作業如有危害勞工之虞，應於作業場所顯而易見處公告注意事項，公告內容不包括下列何者？ (1)現場監視人員電話 (2)緊急應變措施 (3)進入該場所應採取之措施 (4)應經許可始得進入。【乙 1-212】

( ) 67. 有危害勞工之虞之局限空間作業前，應指派專人確認換氣裝置無異常，該檢點結果記錄應保存多少年？ (1)1 (2)2 (3)3 (4)5。【乙 1-213】

( ) 68. 有危害勞工之虞之局限空間作業，應經雇主、工作場所負責人或現場作業主管簽署後始得進入，該紀錄應保存多少年？ (1)1 (2)2 (3)3 (4)5。【乙 1-214】

( ) 69. 有危害勞工之虞之局限空間作業，應經雇主、工作場所負責人或現場作業主管簽署後始得進入，前項進入許可不包括下列何項？(1)防護設備 (2)救援設備 (3)許可進入人員之住址 (4)現場監視人員及其簽名。【乙 1-215】

( ) 70. 有危害勞工之虞之局限空間作業，下列敘述何者有誤？ (1)應經雇主、工作場所負責人或現場作業主管簽署後始得進入 (2)作業區域超出監視人員目視範圍者，應使勞工佩戴安全帶及可偵測人體活動情形之裝置 (3)置備可以動力或機械輔助吊升之緊急救援設備 (4)人員許可進入之簽署紀錄應保存 3 年。【乙 1-216】

71. 試解釋下列名詞：局限空間。【2016-2 甲衛 2-1】

72. 某一化學原料製造廠，廠內有一地下水池，容積約 2,000 公升，已密封兩年未使用，現在您接獲主管指示，需於 3 日內把水抽光，並入池刷洗乾淨。依照上述工作情境，您如何採取措施，確保工作安全順利完成。（請至少列出 4 項）【2012-1#6】

73. 原事業單位與承攬人分別僱用勞工於局限空間共同作業時，依勞工安全衛生法規規定，試回答下列問題：
    (1) 由原事業單位召集協議組織，請列舉 5 項應定期或不定期進行協議之事項。
    (2) 雇主使勞工於局限空間從事作業前，請列舉 5 種應先確認可能之危害。
    (3) 使勞工於局限空間從事作業如有危害之虞，應訂定危害防止計畫。請列舉 5 項該危害防止計畫應訂定之事項。【2014-1 甲安 2, 2015-2 甲衛 3-4】

74. 某一橡膠製造廠，廠內有一 3,000 公斤之大型化學儲槽，適逢歲修需將化學品排空，並清洗儲槽。針對前述情境，為確保作業安全，應訂定局限空間危害防止計畫，使現場作業主管、監視人員、作業勞工及相關承攬人依循辦理。請說明前項危害防止計畫應包括哪些事項？（至少列舉 5 項）【2014-3#5】

75. 依職業安全衛生設施規則規定，雇主使勞工於局限空間從事作業前，如有引起勞工缺氧、中毒等相關危害之虞者，應訂定危害防止計畫，並使現場作業主管、監視人員、作業勞工及相關承攬人依循辦理，該計畫應包括哪些事項？（請列舉 5 項）【2015-3#7】

76. 依職業安全衛生設施規則規定，雇主使勞工於局限空間從事作業，有危害勞工之虞時，應於作業場所入口顯而易見處所公告哪些注意事項，使作業勞工周知？【2014-1 甲衛 4.2】

77. 某公司有一座液化石油氣儲槽，進行年度儲槽局限空間維修作業。試回答下列問題：雇主使勞工入槽前，應實施進入許可。試列舉 5 項進入許可應載明事項。【2014-2 甲安 3.2】

78. 勞工於局限空間從事作業，必須採取進入許可之管制措施，以避免發生職業災害，試依職業安全衛生設施規則規定，說明該進入許可應載明之事項。（至少回答 5 項）【2014-2#2】

79. 依缺氧症預防規則規定，某事業單位之雇主使勞工從事缺氧危險作業，請回答下列問題：
   (1) 應將哪些注意事項公告於缺氧危險作業場所入口顯而易見處？（請列舉 3 項）
   (2) 應置備哪 4 種設備供勞工緊急避難或救援人員使用？【2017-1#8】

80. 雇主使勞工於局限空間從事作業前，應先確認該局限空間內有無可能引起勞工之危害，如有危害之虞者，應訂定危害防止計畫，並使現場作業主管、監視人員、作業勞工及相關承攬人依循辦理。
   (1) 前項危害防止計畫訂定事項，請寫出 6 項。
   (2) 若局限空間現場濃度已經超過立即致危濃度(immediately dangerous to life or health, IDLH)，請問應佩戴何種呼吸防護具進行作業？【甲衛 2017-1#2】

81. 工業製程有許多局限空間場所（如貯槽），其作業具有高度的危險性，須進行作業演練與應變，試詳述局限空間作業之主要演練內容與注意事項，請舉例說明之。【2017 工礦衛生技師－衛生管理實務 5】

82. 近年來常發生重大局限空間危害事故，緣此在進入局限空間前，請依進入空間特性、可能洩漏點、進入空間順序、測定有害氣體次序、監測頻率及紀錄，分別闡述進入局限空間之測定點採樣規劃。【2017 工礦衛生技師－作業環境測定 5】

83. 請從危害的特性研究分析「局限空間」(confined space)是「職業安全」還是「職業衛生」的專業領域。【2017 普考工業安全－工業衛生概論 4】

84. 有一局限空間，氣積 100 $m^3$，原本含氧氣 20%，其餘為氮氣。現有一氧化碳發生源以每分鐘 0.5 $m^3$ 速率產生至此局部空間內，且僅排出原本空氣。請問此局限空間幾分鐘後會使氧氣濃度降至 18%？【2019-1#10】Ans：10

85. 請依職業安全衛生設施規則規定，回答下列問題：
   (1) 雇主使勞工於局限空間從事作業前，應先確認該局限空間有無危害問題。請列舉 3 種危害。
   (2) 局限空間有危害之虞者，應訂定危害防止計畫，該危害防止計畫應提供哪些儀器或設備之檢點及維護方法？【2019-2#7】

86. 限空間作業應置備測定儀器，最常使用四用氣體偵測器，此四用氣體偵測器可偵測哪 4 種氣體？（列舉 3 種）【2020-1#9.2】

87. 燃煤工廠之煙道氣（廢氣）簡易處理，試回答下列問題：
   (1) 辨識該缺氧危險場所（鍋爐內部）可能之化學性危害？
   (2) 工廠卻維持鍋爐正常運轉，需定期進行燃煤鍋爐內部清理，作業時若使用四用氣體測定儀器實施該缺氧危險場所（鍋爐內部）環境監定，其限制為何？【四用氣體測定儀器（氧氣、一氧化碳、硫化氫及可燃性氣體(%)）】
   (3) 若要使勞工進入燃煤鍋爐內部從事清理作業，請依職業安全衛生設施規則之規定，列舉 5 項局限空間危害防止計畫應訂定之事項。

# 工業通風相關法規

## 一、職業安全衛生法

2019 年 5 月 15 日總統令修正公布

第 1 條　為防止職業災害，保障工作者安全及健康，特制定本法；其他法律有特別規定者，從其規規定。

第 2 條　本法用詞，定義如下：

一、工作者：指勞工、自營作業者及其他受工作場所負責人指揮或監督從事勞動之人員。

二、勞工：指受僱從事工作獲致工資者。

三、雇主：指事業主或事業之經營負責人。

四、事業單位：指本法適用範圍內僱用勞工從事工作之機構。

五、職業災害：指因勞動場所之建築物、機械、設備、原料、材料、化學品、氣體、蒸氣、粉塵等或作業活動及其他職業上原因引起之工作者疾病、傷害、失能或死亡。

第 6 條　雇主對下列事項應有符合規定之必要安全衛生設備及措施：

一、防止機械、設備或器具等引起之危害。

二、防止爆炸性或發火性等物質引起之危害。

三、防止電、熱或其他之能引起之危害。

四、防止採石、採掘、裝卸、搬運、堆積或採伐等作業中引起之危害。

五、防止有墜落、物體飛落或崩塌等之虞之作業場所引起之危害。

六、防止高壓氣體引起之危害。

七、防止原料、材料、氣體、蒸氣、粉塵、溶劑、化學品、含毒性物質或缺氧空氣等引起之危害。

八、防止輻射、高溫、低溫、超音波、噪音、振動或異常氣壓等引起之危害。

九、防止監視儀表或精密作業等引起之危害。

十、防止廢氣、廢液或殘渣等廢棄物引起之危害。

十一、防止水患、風災或火災等引起之危害。

十二、防止動物、植物或微生物等引起之危害。

十三、防止通道、地板或階梯等引起之危害。

十四、防止未採取充足通風、採光、照明、保溫或防濕等引起之危害。

雇主對下列事項，應妥為規劃及採取必要之安全衛生措施：

一、重複性作業等促發肌肉骨骼疾病之預防。

二、輪班、夜間工作、長時間工作等異常工作負荷促發疾病之預防。

三、執行職務因他人行為遭受身體或精神不法侵害之預防。

四、避難、急救、休息或其他為保護勞工身心健康之事項。

二項必要之安全衛生設備與措施之標準及規則，由中央主管機關定之。

第 18 條　工作場所有立即發生危險之虞時，雇主或工作場所負責人應即令停止作業，並使勞工退避至安全場所。

勞工執行職務發現有立即發生危險之虞時，得在不危及其他工作者安全情形下，自行停止作業及退避至安全場所，並立即向直屬主管報告。

雇主不得對前項勞工予以解僱、調職、不給付停止作業期間工資或其他不利之處分。但雇主證明勞工濫用停止作業權，經報主管機關認定，並符合勞動法令規定者，不在此限。

第 23 條　雇主應依其事業單位之規模、性質，訂定職業安全衛生管理計畫；並設置安全衛生組織、人員，實施安全衛生管理及自動檢查。

前項之事業單位達一定規模以上或有第 15 條第 1 項所定之工作場所者，應建置職業安全衛生管理系統。

中央主管機關對前項職業安全衛生管理系統得實施訪查，其管理績效良好並經認可者，得公開表揚之。

前 3 項之事業單位規模、性質、安全衛生組織、人員、管理、自動檢查、職業安全衛生管理系統建置、績效認可、表揚及其他應遵行事項之辦法，由中央主管機關定之。

## 二、職業安全衛生法施行細則

2020 年 2 月 27 日行政院勞動部發布

第 17 條　本法第 12 條第 3 項所稱作業環境監測，指為掌握勞工作業環境實態與評估勞工暴露狀況，所採取之規劃、採樣、測定、分析及評估。

本法第 12 條第 3 項規定應訂定作業環境監測計畫及實施監測之作業場所如下：

一、設置有中央管理方式之空氣調節設備之建築物室內作業場所。

二、坑內作業場所。

三、顯著發生噪音之作業場所。

四、下列作業場所，經中央主管機關指定者：

（一）高溫作業場所。

（二）粉塵作業場所。

（三）鉛作業場所。

（四）四烷基鉛作業場所。

（五）有機溶劑作業場所。

（六）特定化學物質作業場所。

五、其他經中央主管機關指定公告之作業場所。

第 25 條　本法第 18 條第 1 項及第 2 項所稱有立即發生危險之虞時，指勞工處於需採取緊急應變或立即避難之下列情形之一：

一、自設備洩漏大量危害性化學品，致有發生爆炸、火災或中毒等危險之虞時。

二、從事河川工程、河堤、海堤或圍堰等作業，因強風、大雨或地震，致有發生危險之虞時。

三、從事隧道等營建工程或管溝、沉箱、沉筒、井筒等之開挖作業，因落磐、出水、崩塌或流砂侵入等，致有發生危險之虞時。

四、於作業場所有易燃液體之蒸氣或可燃性氣體滯留，達爆炸下限值之 30%以上，致有發生爆炸、火災危險之虞時。

五、於儲槽等內部或通風不充分之室內作業場所，致有發生中毒或窒息危險之虞時。

六、從事缺氧危險作業，致有發生缺氧危險之虞時。

七、於高度 2 公尺以上作業，未設置防墜設施及未使勞工使用適當之個人防護具，致有發生墜落危險之虞時。

八、於道路或鄰接道路從事作業，未採取管制措施及未設置安全防護設施，致有發生危險之虞時。

九、其他經中央主管機關指定公告有發生危險之虞時之情形。

## 三、職業安全衛生設施規則

2020 年 3 月 2 日行政院勞動部發布

# 第十二章　衛　生

## 第一節　有害作業環境

第 292 條　雇主對於有害氣體、蒸氣、粉塵等作業場所，應依下列規定辦理：

一、工作場所內發散有害氣體、蒸氣、粉塵時，應視其性質，採取密閉設備、局部排氣裝置、整體換氣裝置或以其他方法導入新鮮空氣等適當措施，使其不超過勞工作業場所容許暴露標準之規定。勞工有發生中毒之虞者，應停止作業並採取緊急措施。

二、勞工暴露於有害氣體、蒸氣、粉塵等之作業時，其空氣中濃度超過八小時日時量平均容許濃度、短時間時量平均容許濃度或最高容許濃度者，應改善其作業方法、縮短工作時間或採取其他保護措施。

三、有害物工作場所，應依有機溶劑、鉛、四烷基鉛、粉塵及特定化學物質等有害物危害預防法規之規定，設置通風設備，並使其有效運轉。

第 295 條　雇主對於勞工在坑內、深井、沉箱、儲槽、隧道、船艙或其他自然換氣不充分之場所工作，應依缺氧症預防規則，採取必要措施。

前項工作場所，不得使用具有內燃機之機械，以免排出之廢氣危害勞工。但另設有效之換氣設施者，不在此限。

## 第二節　溫度及濕度

第 303 條　雇主對於顯著濕熱、寒冷之室內作業場所，對勞工健康有危害之虞者，應設置冷氣、暖氣或採取通風等適當之空氣調節設施。

第 304 條　雇主於室內作業場所設置有發散大量熱源之熔融爐、爐灶時，應設置局部排氣或整體換氣裝置，將熱空氣直接排出室外，或採取隔離、屏障或其他防止勞工熱危害之適當措施。

## 第三節　通風及換氣

第 309 條　雇主對於勞工經常作業之室內作業場所，除設備及自地面算起高度超過 4 公尺以上之空間不計外，每 1 勞工原則上應有 10 立方公尺以上之空間。

第 310 條　雇主對坑內或儲槽內部作業，應設置適當之機械通風設備。但坑內作業場所以自然換氣能充分供應必要之空氣量者，不在此限。

第 311 條　雇主對於勞工經常作業之室內作業場所，其窗戶及其他開口部分等可直接與大氣相通之開口部分面積，應為地板面積之 1/20 以上。但設置具有充分換氣能力之機械通風設備者，不在此限。

雇主對於前項室內作業場所之氣溫在攝氏 10 度以下換氣時，不得使勞工暴露於 1m/s 以上之氣流中。

第 312 條　雇主對於勞工工作場所應使空氣充分流通，必要時，應依下列規定以機械通風設備換氣：

一、應足以調節新鮮空氣、溫度及降低有害物濃度。

二、其換氣標準如下：

| 工作場所每一勞工所佔立方公尺數 | 未滿 5.7 | 5.7 以上<br>未滿 14.2 | 14.2 以上<br>未滿 28.3 | 28.3 以上 |
|---|---|---|---|---|
| 每分鐘每一勞工所需之新鮮空氣之立方公尺數 | 0.6 以上 | 0.4 以上 | 0.3 以上 | 0.14 以上 |

## 第五節　清　潔

322 條　雇主對於廚房及餐廳，應依下列規定辦理：

五、通風窗之面積不得少於總面積 12%。

十、廚房應設機械排氣裝置以排除煙氣及熱。

## 四、有機溶劑中毒預防規則

2014 年 6 月 25 日行政院勞動部發布

### 第一章　總　則

第 1 條　本規則依職業安全衛生法第 6 條第 3 項規定訂定之。

第 2 條　本規則適用於從事下列各款有機溶劑作業之事業：

三、使用有機溶劑混存物從事印刷之作業。

四、使用有機溶劑混存物從事書寫、描繪之作業。

五、使用有機溶劑或其混存物從事上光、防水或表面處理之作業。

六、使用有機溶劑或其混存物從事為粘接之塗敷作業。

七、從事已塗敷有機溶劑或其混存物之物品之粘接作業。

八、使用有機溶劑或其混存物從事清洗或擦拭之作業。但不包括第 12 款規定作業之清洗作業。

九、使用有機溶劑混存物之塗飾作業。但不包括第 12 款規定作業之塗飾作業。

十、從事已附著有機溶劑或其混存物之物品之乾燥作業。

十一、使用有機溶劑或其混存物從事研究或試驗。

十二、從事曾裝儲有機溶劑或其混存物之儲槽之內部作業。但無發散有機溶劑蒸氣之虞者，不在此限。

第 3 條　本規則用詞，定義如下：

三、密閉設備：指密閉有機溶劑蒸氣之發生源使其蒸氣不致發散之設備。

四、局部排氣裝置：指藉動力強制吸引並排出已發散有機溶劑蒸氣之設備。

五、整體換氣裝置：指藉動力稀釋已發散有機溶劑蒸氣之設備。

六、通風不充分之室內作業場所：指室內對外開口面積未達底面積之 1/20 以上或全面積之 3%以上者。

第 5 條　雇主使勞工從事第 2 條第 3 款至第 11 款之作業，合於下列各款規定之一時，得不受第 2 章、第 18 條至第 24 條規定之限制：

一、於室內作業場所（通風不充分之室內作業場所除外），從事有機溶劑或其混存物之作業時，1 小時作業時間內有機溶劑或其混存物之消費量不超越容許消費量者。

二、於儲槽等之作業場所或通風不充分之室內作業場所，從事有機溶劑或其混存物之作業時，1 日間有機溶劑或其混存物之消費量不超越容許消費量者。

前項之容許消費量及計算之方式，依附表二之規定。

下列各款列舉之作業，其第 1 項第 1 款規定之 1 小時及同項第 2 款規定之 1 日作業時間內消費之有機溶劑量，分別依下列各該款之規定。但第 2 條第 7 款規定之作業，於同一作業場所延續至同條第 6 款規定之作業或同條第 10 款規定之作業於同一作業場所延續使用有機溶劑或其混存物粘接擬乾燥之物品時，第 2 條第 7 款或第 10 款規定之作業消費之有機溶劑或其混存物之量，應除外計算之：

一、從事第 2 條第 3 款至第 6 款、第 8 款、第 9 款或第 11 款規定之一之作業者，第 1 項第 1 款規定之 1 小時或同項第 2 款規定之 1 日作業時間內消費之有機溶劑或其混存物之量應乘中央主管機關規定之指定值。

二、從事第 2 條第 7 款或第 10 款規定之一之作業者，第 1 項第 1 款規定之 1 小時或同項第 2 款規定之 1 日作業時間內已塗敷或附著於乾燥物品之有機溶劑或其混存物之量應乘中央主管機關規定之指定值。

## 第二章 設 施

第 6 條 雇主使勞工於下列規定之作業場所作業，應依下列規定，設置必要之控制設備：

一、於室內作業場所或儲槽等之作業場所，從事有關第一種有機溶劑或其混存物之作業，應於各該作業場所設置密閉設備或局部排氣裝置。

二、於室內作業場所或儲槽等之作業場所，從事有關第二種有機溶劑或其混存物之作業，應於各該作業場所設置密閉設備、局部排氣裝置或整體換氣裝置。

三、於儲槽等之作業場所或通風不充分之室內作業場所，從事有關第三種有機溶劑或其混存物之作業，應於各該作業場所設置密閉設備、局部排氣裝置或整體換氣裝置。

前項控制設備，應依有機溶劑之健康危害分類、散布狀況及使用量等情形，評估風險等級，並依風險等級選擇有效之控制設備。

第 1 項各款對於從事第 2 條第 12 款及同項第 2 款、第 3 款對於以噴布方式從事第 2 條第 4 款至第 6 款、第 8 款或第 9 款規定之作業者，不適用之。

第 7 條　雇主使勞工以噴布方式於下列各款規定之作業場所，從事各該款有關之有機溶劑作業時，應於各該作業場所設置密閉設備或局部排氣裝置：

一、於室內作業場所或儲槽等之作業場所，使用第二種有機溶劑或其混存物從事第 2 條第 4 款至第 6 款、第 8 款或第 9 款規定之作業。

二、於儲槽等之作業場所或通風不充分之室內作業場所，使用第三種有機溶劑或其混存物從事第 2 條第 4 款至第 6 款、第 8 款或第 9 款規定之作業。

第 8 條　雇主使勞工於室內作業場所（通風不充分之室內作業場所除外），從事臨時性之有機溶劑作業時，不受第 6 條第 1 款、第 2 款及前條第 1 款規定之限制，得免除設置各該條規定之設備。

第 9 條　雇主使勞工從事下列各款規定之一之作業時，經勞動檢查機構認定後，免除下列各款規定之設備：

一、於周壁之二面以上或周壁面積之 1/2 以上直接向大氣開放之室內作業場所，從事有機溶劑作業，得免除第 6 條第 1 款、第 2 款或第 7 條規定之設備。

二、於室內作業場所或儲槽等之作業場所，從事有機溶劑作業，因有機溶劑蒸氣擴散面之廣泛不易設置第 6 條第 1 款、第 7 條之設備時，得免除各該條規定之設備。

前項雇主應檢具下列各款文件，向勞動檢查機構申請認定之：

一、免設有機溶劑設施申請書。（如格式一，略）

二、可辨識清楚之作業場所略圖。

三、工作計畫書。

經認定免除設置第 1 項設備之雇主，於勞工作業環境變更，致不符合第 1 項各款規定時，應即依法設置符合標準之必要設備，並以書面報請檢查機構備查。

第 10 條　雇主使勞工從事有機溶劑作業，如設置第 6 條或第 7 條規定之設備有困難，而已採取一定措施時，得報經中央主管機關核定，免除各該條規定之設備。

前項之申報，準用前條第 2 項至第 4 項之規定。

第 11 條　雇主使勞工於下列各款規定範圍內從事有機溶劑作業，已採取一定措施時，得免除設置各該款規定之設備：

一、適於下列情形之一而設置整體換氣裝置時，不受第 6 條第 1 款或第 7 條規定之限制，得免除設置密閉設備或局部排氣裝置：

（一）於儲槽等之作業場所或通風不充分之室內作業場所，從事臨時性之有機溶劑作業。

（二）於室內作業場所（通風不充分之室內作業場所除外），從事有機溶劑作業，其作業時間短暫。

（三）於經常置備處理有機溶劑作業之反應槽或其他設施與其他作業場所隔離，且無須勞工常駐室內。

（四）於室內作業場所或儲槽等之作業場所之內壁、地板、頂板從事有機溶劑作業，因有機溶劑蒸氣擴散面之廣泛不易設置第 6 條第 1 款或規定之設備。

二、於儲槽等之作業場所或通風不充分之室內作業場所，從事有機溶劑作業，而從事該作業之勞工已使用輸氣管面罩且作業時間短暫時，不受第 6 條規定之限制，得免除設置密閉設備、局部排氣裝置或整體換氣裝置。

三、適於下列情形之一時，不受第 6 條規定之限制，得免除設置密閉設備、局部排氣裝置或整體換氣裝置：

（一）從事紅外線乾燥爐或具有溫熱設備等之有機溶劑作業，如設置有利用溫熱上升氣流之排氣煙囪等設備，將有機溶劑蒸氣排出作業場所之外，不致使有機溶劑蒸氣擴散於作業場所內者。

（二）藉水等覆蓋開放槽內之有機溶劑或其混存物，或裝置有效之逆流凝縮機於槽之開口部使有機溶劑蒸氣不致擴散於作業場所內者。

四、於汽車之車體、飛機之機體、船段之組合體或鋼樑、鋼構等大型物件之外表從事有機溶劑作業時，因有機溶劑蒸氣廣泛擴散不易設置第 6 條或第 7 條規定之設備，且已設置吹吸型換氣裝置時，不受第 6 條或第 7 條規定之限制，得免設密閉設備、局部排氣裝置或整體換氣裝置。

第 12 條　雇主設置之局部排氣裝置之氣罩及導管，應依下列之規定：

一、氣罩應設置於每一有機溶劑蒸氣發生源。

二、外裝型氣罩應儘量接近有機溶劑蒸氣發生源。

三、氣罩應視作業方法、有機溶劑蒸氣之擴散狀況及有機溶劑之比重等，選擇適於吸引該有機溶劑蒸氣之型式及大小。

四、應儘量縮短導管長度、減少彎曲數目，且應於適當處所設置易於清掃之清潔口與測定孔。

第 13 條 雇主設置有空氣清淨裝置之局部排氣裝置，其排氣機應置於空氣清淨裝置後之位置。但不會因所吸引之有機溶劑蒸氣引起爆炸且排氣機無腐蝕之虞時，不在此限。

雇主設置之整體換氣裝置之送風機、排氣機或其導管之開口部，應儘量接近有機溶劑蒸氣發生源。

雇主設置之局部排氣裝置、吹吸型換氣裝置、整體換氣裝置或第 11 條第 3 款第 1 目之排氣煙囪等之排氣口，應直接向大氣開放。對未設空氣清淨裝置之局部排氣裝置（限設於室內作業場所者）或第 11 條第 3 款第 1 目之排氣煙囪等設備，應使排出物不致回流至作業場所。

第 14 條 雇主設置之局部排氣裝置及吹吸型換氣裝置，應於作業時間內有效運轉，降低空氣中有機溶劑蒸氣濃度至勞工作業容許暴露標準以下。

第 15 條 雇主設置之整體換氣裝置應依有機溶劑或其混存物之種類，計算其每分鐘所需之換氣量，具備規定之換氣能力。

前項應具備之換氣能力及其計算之方法，依附表四之規定。

同時使用種類相異之有機溶劑或其混存物時，第一項之每分鐘所需之換氣量應分別計算後合計之。

第 1 項 1 小時作業時間內有機溶劑或其混存物之消費量係指下列各款規定之一之值：

一、第 2 條第 1 款或第 2 款規定之一之作業者，為 1 小時作業時間內蒸發之有機溶劑量。

二、第 2 條第 3 款至第 6 款、第 8 款、第 9 款或第 11 款規定之一之作業者，為 1 小時作業時間內有機溶劑或其混存物之消費量乘中央主管機關規定之指定值。

三、第 2 條第 7 款或第 10 款規定之一之作業者，為 1 小時作業時間內已塗敷或附著於乾燥物品之有機溶劑或其混存物之量乘中央主管機關規定之指定值。

第 4 項之 1 小時作業時間內有機溶劑或其混存物之消費量準用第 5 條第 3 項條文後段之規定。

第 16 條　雇主設置之局部排氣裝置、吹吸型換氣裝置或整體換氣裝置，於有機溶劑作業時，不得停止運轉。

設有前項裝置之處所，不得阻礙其排氣或換氣功能，使之有效運轉。

## 第三章　管　理

第 17 條　雇主設置之密閉設備、局部排氣裝置、吹吸型換氣裝置或整體換氣裝置，應由專業人員妥為設計，並維持其有效性能。

第 18 條　雇主使勞工從事有機溶劑作業時，對有機溶劑作業之室內作業場所及儲槽等之作業場所，實施通風設備運轉狀況、勞工作業情形、空氣流通效果及有機溶劑或其混存物使用情形等，應隨時確認並採取必要措施。

## 第五章　儲藏及空容器之處理

第 25 條　雇主於室內儲藏有機溶劑或其混存物時，應使用備有栓蓋之堅固容器，以免有機溶劑或其混存物之溢出、漏洩、滲洩或擴散，該儲藏場所應依下列規定：

一、防止與作業無關人員進入之措施。

二、將有機溶劑蒸氣排除於室外。

第 26 條　雇主對於曾儲存有機溶劑或其混存物之容器而有發散有機溶劑蒸氣之虞者，應將該容器予以密閉或堆積於室外之一定場所。

## 附表二　有機溶劑或其混存物之容許消費量及其計算方式

本規則第 5 條第 2 項規定之有機溶劑或其混存物之容許消費量，依次表之規定計算。

| 有機溶劑或其混存物之種類 | 有機溶劑或其混存物之容許消費量 |
| --- | --- |
| 第一種有機溶劑或其混存物 | 容許消費量＝1/15×作業場所之氣積 |
| 第二種有機溶劑或其混存物 | 容許消費量＝2/5×作業場所之氣積 |
| 第三種有機溶劑或其混存物 | 容許消費量＝3/2×作業場所之氣積 |
| (1)表中所列作業場所之氣積不含超越地面 4 公尺以上高度之空間。<br>(2)容許消費量以公克為單位，氣積以立方公尺為單位計算。<br>(3)氣積超過 150$m^3$ 者，概以 150$m^3$ 計算。 | |

## 附表四　整體換氣裝置之換氣能力及其計算方法

本規則第 15 條第 2 項之換氣能力及其計算方法如下：

| 消費之有機溶劑或其混存物之種類 | 換氣能力 |
| --- | --- |
| 第一種有機溶劑或其混存物 | 每分鐘換氣量＝作業時間內一小時之有機溶劑或其混存物之消費量×0.3 |
| 第二種有機溶劑或其混存物 | 每分鐘換氣量＝作業時間內一小時之有機溶劑或其混存物之消費量×0.04 |
| 第三種有機溶劑或其混存物 | 每分鐘換氣量＝作業時間內一小時之有機溶劑或其混存物之消費量×0.01 |

註：表中每分鐘換氣量之單位為 $m^3$，作業時間內 1 小時之有機溶劑或其混存物之消費量之單位為公克。

## 免設有機溶劑設施申請書（格式一）

<table>
<tr><td>行業種類</td><td colspan="2">事業單位名稱</td><td colspan="2">事業單位住址及電話</td></tr>
<tr><td></td><td colspan="2" rowspan="4"></td><td colspan="2" rowspan="3"></td></tr>
<tr><td>行業標準分類<br>（細分類）</td></tr>
<tr><td></td></tr>
<tr><td></td><td colspan="2">（電話）</td></tr>
<tr><td>僱用勞工人數</td><td>男人</td><td>女人</td><td>童人</td><td>合計　人</td></tr>
<tr><td>從事有機溶劑作業之勞工人數</td><td>男人</td><td>女人</td><td></td><td>合計　人</td></tr>
<tr><td>擬申請之許可期間</td><td colspan="4">民國　年　月　日至民國　年　月　日</td></tr>
<tr><td>有機溶劑作業概要</td><td colspan="4"></td></tr>
<tr><td>申請許可之理由</td><td colspan="4"></td></tr>
</table>

此致　申請人　（雇主）　（章）

（勞動檢查機構全銜）民國　年　月　日

## 五、鉛中毒預防規則

2014 年 6 月 30 日行政院勞動部發布

### 第一章　總　則

第 1 條　本規則依職業安全衛生法第 6 條第 3 項規定訂定之。

第 2 條　本規則適用於從事鉛作業之有關事業。

前項鉛作業，指下列之作業：

一、鉛之冶煉、精煉過程中，從事焙燒、燒結、熔融或處理鉛、鉛混存物燒結礦混存物之作業。

二、含鉛重量在 3%以上之銅或鋅之冶煉、精煉過程中，當轉爐連續熔融作業時，從事熔融及處理煙灰或電解漿泥之作業。

三、鉛蓄電池或鉛蓄電池零件之製造、修理或解體過程中，從事鉛、鉛混存物等之熔融、鑄造、研磨、軋碎、製粉、混合、篩選、捏合、充填、乾燥、加工、組配、熔接、熔斷、切斷、搬運或將粉狀之鉛、鉛混存物倒入容器或取出之作業。

七、鉛化合物、鉛混合物製造過程中，從事鉛、鉛混存物之熔融、鑄造、研磨、混合、冷卻、攪拌、篩選、煅燒、烘燒、乾燥、搬運倒入容器或取出之作業。

八、從事鉛之襯墊及表面上光作業。

九、橡膠、合成樹脂之製品、含鉛塗料及鉛化合物之繪料、釉藥、農藥、玻璃、黏著劑等製造過程中，鉛、鉛混存物等之熔融、鑄注、研磨、軋碎、混合、篩選、被覆、剝除或加工之作業。

十、於通風不充分之場所從事鉛合金軟焊之作業。

十一、使用含鉛化合物之釉藥從事施釉或該施釉物之烘燒作業。

十二、使用含鉛化合物之繪料從事繪畫或該繪畫物之烘燒作業。

十三、使用熔融之鉛從事金屬之淬火、退火或該淬火、退火金屬之砂浴作業。

十四、含鉛設備、襯墊物或已塗布含鉛塗料物品之軋碎、壓延、熔接、熔斷、切斷、加熱、熱鉚接或剝除含鉛塗料等作業。

十五、含鉛、鉛塵設備內部之作業。

十六、轉印紙之製造過程中，從事粉狀鉛、鉛混存物之散布、上粉之作業。

第 3 條　本規則用詞定義如下：

十二、密閉設備：指密閉鉛塵之發生源，使鉛塵不致散布之設備。

十三、局部排氣裝置：指藉動力強制吸引並排出已發散鉛塵之設備。

十四、整體換氣裝置：指藉動力稀釋已發散之鉛塵之設備。

十七、通風不充分之場所：指室內對外開口面積未達底面積之 1/20 以上或全面積之 3%以上者。

## 第二章　設　施

第 5 條　雇主使勞工從事第 2 條第 2 項第 1 款之作業時，依下列規定：

一、鉛之冶煉、精煉過程中，從事焙燒、燒結、熔融及鉛、鉛混存物、燒結礦混存物等之熔融、鑄造、烘燒等作業場所，應設置局部排氣裝置。

二、非以濕式作業方式從事鉛、鉛混存物、燒結礦混存物等之軋碎、研磨、混合或篩選之室內作業場所，應設置密閉設備或局部排氣裝置。

三、非以濕式作業方式將粉狀之鉛、鉛混存物、燒結礦混存物等倒入漏斗、容器、軋碎機或自其取出時，應於各該作業場所設置局部排氣裝置及承受溢流之設備。

第 6 條　雇主使勞工從事第 2 條第 2 項第 2 款之作業時，依下列規定：

一、以鼓風爐或電解漿泥熔融爐從事冶煉、熔融或煙灰之段燒作業場所，應設置局部排氣裝置。

二、非以濕式作業方法從事煙灰、電解漿泥之研磨、混合或篩選之室內作業場所，應設置密閉設備或局部排氣裝置。

三、非以濕式作業方法將煙灰、電解漿泥倒入漏斗、容器、軋碎機等或自其中取出之作業，應於各該室內作業場所設置局部排氣裝置及承受溢流之設備。

第 7 條　雇主使勞工從事第 2 條第 2 項第 3 款之作業時，依下列規定：

一、從事鉛、鉛混存物之熔融、鑄造、加工、組配、熔接、熔斷或極板切斷之室內作業場所，應設置局部排氣裝置。

二、非以濕式作業方法從事鉛、鉛混存物之研磨、製粉、混合、篩選、捏合之室內作業場所，應設置密閉設備或局部排氣裝置。

三、非以濕式作業方法將粉狀之鉛、鉛混存物倒入容器或取出之作業，應於各該室內作業場所設置局部排氣裝置及承受溢流之設備。

四、從事鉛、鉛混存物之解體、軋碎作業場所，應與其他之室內作業場所隔離。但鉛、鉛混存物之熔融、鑄造作業場所或軋碎作業採密閉形式者，不在此限。

五、鑄造過程中，如有熔融之鉛或鉛合金從自動鑄造機中飛散之虞，應設置防止其飛散之設備。

第 8 條　雇主使勞工從事第 2 條第 2 項第 4 款或第 6 款之作業時，依下列規定：

一、從事鉛或鉛合金之熔融、被覆、鑄造、熔鉛噴布、熔接、熔斷及以動力從事切斷、加工或鉛快削鋼注鉛之室內作業場所，應設置局部排氣裝置。

四、鑄造過程中，如有熔融之鉛或鉛合金從自動鑄造機中飛散之虞，應設置防止其飛散之設備。

五、室內作業場所之地面，應為易於使用真空除塵機或以水清除之構造。

第 9 條　雇主使勞工從事第 2 條第 2 項第 5 款之作業時，依下列規定：

一、從事鉛之熔融室內作業場所，應設置局部排氣裝置及儲存浮渣之容器。

二、室內作業場所之地面，應為易於使用真空除塵機或以水清除之構造。

第 10 條　雇主使勞工從事第 2 條第 2 項第 7 款之作業時，依下列規定：

一、從事鉛、鉛混存物之熔融、鑄造、段燒及烘燒之室內作業場所，應設置局部排氣裝置。

二、從事鉛或鉛混存物冷卻攪拌之室內作業場所，應設置密閉設備或局部排氣裝置。

三、從事鉛、鉛混存物之熔融、鑄造作業場所，應設置儲存浮渣之容器。

四、非以濕式作業方法從事鉛、鉛混存物之研磨、混合、篩選之室內作業場所，應設置密閉設備或局部排氣裝置。

五、非以濕式作業方法將粉狀之鉛、鉛混存物倒入容器或取出之作業，應於各該室內作業場所設置局部排氣裝置及承受溢流之設備。

六、以人工搬運裝有粉狀之鉛、鉛混存物之容器為避免搬運之勞工被上述物質所污染，應於該容器上裝設把手或車輪或置備有專門運送該容器之車輛。

七、室內作業場所之地面，應為易於使用真空除塵機或以水清除之構造。

第 11 條　雇主使勞工從事第 2 條第 2 項第 8 款之作業時，依下列規定：

一、從事鉛、鉛混存物之熔融、熔接、熔斷、熔鉛噴布或真空作業等塗布及表面上光之室內作業場所，應設置局部排氣裝置。

二、從事鉛、鉛混存物之熔融作業場所，應設置儲存浮渣之容器。

第 12 條　雇主使勞工從事第 2 條第 2 項第 9 款之作業時，依下列規定：

一、從事鉛、鉛混存物熔融或鑄注之室內作業場所，應設置局部排氣裝置及儲存浮渣之容器。

二、從事鉛、鉛混存物軋碎之作業場所，應與其他作業場所隔離。

三、非以濕式作業從事鉛、鉛混存物之研磨、混合、篩選之室內作業場所，應設置密閉設備或局部排氣裝置。

第 13 條　雇主使勞工從事第 2 條第 2 項第 10 款之作業時，應於該作業場所設置局部排氣裝置或整體換氣裝置。

第 14 條　雇主使勞工於室內作業場所以散布或噴布方式從事第 2 條第 2 項第 11 款之施釉作業時，應於該作業場所設置局部排氣裝置。

第 15 條　雇主使勞工於室內作業場所以噴布或以銀漆塗飾方式從事第 2 條第 2 項第 12 款之繪畫作業時，應於該作業場所設置局部排氣裝置。

第 16 條　雇主使勞工從事第 2 條第 2 項第 13 款規定之淬火或退火作業時，應設置局部排氣裝置及儲存浮渣之容器。

第 17 條　雇主使勞工從事第 2 條第 2 項第 14 款之作業時，依下列規定：

一、從事鉛之襯墊或已塗布含鉛塗料物品之壓延、熔接、熔斷、加熱、熱鉚接之室內作業場所，應設置局部排氣裝置。

二、非以濕式作業方式從事鉛之襯墊或已塗布含鉛塗料物品軋碎之室內作業場所，應設置密閉設備或局部排氣裝置。

第 18 條　雇主使勞工從事第 2 條第 2 項第 14 款之剝除含鉛塗料時，依下列規定：

一、應採取濕式作業，但有顯著困難者，不在此限。

二、應將剝除之含鉛塗料立即清除。

第 19 條　雇主使勞工從事第 2 條第 2 項第 16 款之作業時，應於該作業場所設置局部排氣裝置。

第 20 條　本規則第 5 條第 2 款及第 3 款、第 6 條第 2 款及第 3 款、第 7 條第 2 款及第 3 款、第 10 條第 2 款、第 4 款、第 5 款及第 12 條第 3 款規定設置之局部排氣裝置之氣罩，應採用包圍型。但作業方法上設置此種型式之氣罩困難時，不在此限。

第 21 條　雇主使勞工於室內作業場所搬運粉狀之鉛、鉛混存物、燒結礦混存物之輸送機，依下列規定：

一、供料場所及轉運場所，應設置密閉設備或局部排氣裝置。

二、斗式輸送機，應設置有效防止鉛塵飛揚之設備。

第 22 條 雇主使勞工從事乾燥粉狀之鉛、鉛混存物作業之場所，依下列規定：

一、應防止鉛、鉛混存物之鉛塵溢出於室內。

二、乾燥室之地面、牆壁或棚架之構造，應易於使用真空除塵機或以水清除者。

第 23 條 雇主使用粉狀之鉛、鉛混存物、燒結礦混存物等之過濾式集塵裝置，依下列規定：

一、濾布應設有護圍。

二、固定式排氣口應設於室外，應避免迴流至室內作業場所。

三、應易於將附著於濾材上之鉛塵移除。

四、集塵裝置應與勞工經常作業場所適當隔離。

第 24 條 雇主使勞工從事下列各款規定之作業時，得免設置局部排氣裝置或整體換氣裝置。但第 1 款至第 3 款勞工有遭鉛污染之虞時，應提供防護具：

一、與其他作業場所有效隔離而勞工不必經常出入之室內作業場所。

二、作業時間短暫或臨時性作業。

三、從事鉛、鉛混存物、燒結礦混存物等之熔融、鑄造或第 2 條第 2 項第 2 款規定使用轉爐從事熔融之作業場所等，其牆壁面積一半以上為開放，而鄰近 4 公尺無障礙物者。

四、於熔融作業場所設置利用溫熱上升氣流之排氣煙囪，且以石灰覆蓋熔融之鉛或鉛合金之表面者。

第 25 條　雇主設置之局部排氣裝置之氣罩，依下列規定：

一、應設置於每一鉛、鉛混存物、燒結礦混存物等之鉛塵發生源。

二、應視作業方法及鉛塵散布之狀況，選擇適於吸引該鉛塵之型式及大小。

三、外裝型或接受型氣罩之開口，應儘量接近於鉛塵發生源。

第 26 條　雇主設置之局部排氣裝置之導管其內部之構造，應易於清掃及測定，並於適當位置開設清潔口及測定孔。

第 27 條　雇主使勞工從事下列鉛作業而設置下列之設備時，應設置有效污染防制過濾式集塵設備或同等性能以上之集塵設備：

一、第 2 條第 2 項第 1 款規定之鉛作業，而具下列設備之一者：

（一）直接連接於焙燒爐、燒結爐、熔解爐或烘燒爐，將各該爐之鉛塵排出之密閉設備。

（二）第 5 條第 1 款至第 3 款之局部排氣裝置。

二、第 2 條第 2 項第 2 款規定之鉛作業，而具下列設備之一者：

（一）直接連接於焙燒爐、燒結爐、熔解爐或烘燒爐，將各該爐之鉛塵排出之密閉設備。

（二）第 6 條第 1 款至第 3 款之局部排氣裝置。

三、第 2 條第 2 項第 3 款規定之鉛作業，而具下列設備之一者：

（一）設置於第 7 條第 1 款之製造過程中，鉛、鉛混存物之熔融或鑄造之局部排氣裝置。

（二）第 7 條第 2 款及第 3 款之局部排氣裝置。

四、第 2 條第 2 項第 4 款規定之鉛作業，於第 9 條第 1 款製造過程中，其鉛或鉛合金之熔融或鑄造作業設置之局部排氣裝置者。

五、第 2 條第 2 項第 7 款規定之鉛作業，而具下列設備之一者：

（一）直接連接於段燒爐或烘燒爐，將各該爐之鉛塵排出之密閉設備。

（二）依第 10 條規定設置之局部排氣裝置。

六、第 2 條第 2 項第 8 款規定之鉛作業於第 11 條第 1 款製造過程中，具鉛襯墊物之表面上光作業場所設置之局部排氣裝置者。

七、第 2 條第 2 項第 9 款規定之鉛作業，而具下列設備之一者：

（一）直接連接於製造混有氧化鉛之玻璃熔解爐，將該爐之鉛塵排出之密閉設備。

（二）第 12 條第 1 款混有氧化鉛之玻璃製造過程中，熔融鉛、鉛混存物之熔融場所設置之局部排氣裝置。

（三）依第 12 條第 3 款規定設置之局部排氣裝置。

八、第 2 條第 2 項第 13 款規定之鉛作業，依第 16 條規定設置之局部排氣裝置者。

雇主使勞工從事鉛或鉛合金之熔融或鑄造作業，而該熔爐或坩堝等之總容量未滿 50 公升者，得免設集塵裝置。

第 28 條　雇主設置局部排氣裝置之排氣機，應置於空氣清淨裝置後之位置。但無累積鉛塵之虞者，不在此限。

雇主設置整體換氣裝置之排氣機或設置導管之開口部，應接近鉛塵發生源，務使污染空氣有效換氣。

第 29 條　雇主設置局部排氣裝置或整體換氣裝置之排氣口，應設置於室外。但設有移動式集塵裝置者，不在此限。

第 30 條　雇主設置之局部排氣裝置，應於鉛作業時間內有效運轉，並降低空氣中鉛塵濃度至勞工作業場所容許暴露標準以下。

第 31 條　雇主設置密閉設備、局部排氣裝置或整體換氣裝置者，應由專業人員妥為設計，並維持其有效性能。

第 32 條　雇主使勞工從事第 2 條第 2 項第 10 款規定之作業，其設置整體換氣裝置之換氣量，應為每一從事鉛作業勞工平均每分鐘 $1.67m^3$ 以上。

第 33 條　雇主設置之局部排氣裝置或整體換氣裝置，於鉛作業時不得停止運轉。但裝置內部清掃作業，不在此限。雇主設置之局部排氣裝置或整體換氣裝置之處所，不得阻礙其排氣或換氣功能。

第 43 條　雇主使勞工從事第 2 條第 2 項第 15 款之作業時，依下列規定：

一、作業開始前，應確實隔離該設備與其他設備間之連結部分，並將該設備給予充分換氣。

二、應將附著或堆積該設備內部之鉛、鉛混存物或燒結礦混存物等之鉛塵充分濕潤以防止其飛揚。

## 六、四烷基鉛中毒預防規則

2014 年 6 月 30 日行政院勞動部發布

第 1 條　為防止四烷基鉛作業引起之危害，依職業安全衛生法第 6 條第 3 項之規定，訂定本規則。

第 2 條　本規則適用於從事下列各款四烷基鉛作業之一之事業：

一、將四烷基鉛混入汽油或將其導入儲槽之作業。

二、修護、改裝、拆卸、組配、破壞或搬運前款作業使用之裝置之作業。

三、處理內部被四烷基鉛或加鉛汽油污染或有被污染之虞之儲槽或其他設備之作業。

四、處理含有四烷基鉛或加鉛汽油之殘渣、廢液等之作業。

五、處理存有四烷基鉛之桶或其他容器之作業。

六、使用四烷基鉛研究或試驗之作業。

七、清除被四烷基鉛或加鉛汽油污染或有被污染之虞之物品或場所之作業。

事業單位從事前項 2 款以上之作業，應同時符合各款作業之規定。

第 3 條　本規則用詞，定義如下：

四、局部排氣裝置：指藉動力吸引並排出已發散四烷基鉛蒸氣之設備。

五、換氣裝置：指藉動力輸入外氣置換儲槽、地下室、船艙、坑井或通風不充分之場所等內部空氣之設備。

第 5 條　雇主使勞工從事第 2 條第 1 項第 1 款規定之作業時，依下列規定：

一、裝置之構造應能防止從事該作業勞工被四烷基鉛污染或吸入蒸氣。

二、作業場所建築物之牆壁至少應有三面為開放且能充分通風者。

五、作業場所應與其他作業場所或勞工經常進出之場所隔離。

第 7 條　雇主使勞工從事第 2 條第 1 項第 3 款規定有關四烷基鉛用儲槽作業時，依下列規定：

四、儲槽之人孔、排放閥及其他不致使四烷基鉛流入內部之開口部分，應全部開放。

六、作業開始前或在作業期間，均應使用換氣裝置，將儲槽內部充分換氣。

第 8 條　雇主使勞工從事第 2 條第 1 項第 3 款規定有關加鉛汽油用儲槽作業時，依下列規定：

二、儲槽之人孔、排放閥及其他不致使四烷基鉛或加鉛汽油流入內部之開口部份，應全部開放。

四、作業開始前或在作業期間，均應使用換氣裝置，將儲槽內部充分換氣。

前項第 4 款之換氣裝置，需將槽內空氣中汽油濃度降低至符合勞工作業場所容許暴露標準之規定。

第 11 條　雇主使勞工從事第 2 條第 1 項第 6 款規定之作業時，依下列規定：

一、應於各四烷基鉛蒸氣發生源設置局部排氣裝置。

第 12 條　雇主使勞工於地下室、船艙、坑井或通風不充分之場所，從事第 2 條第 1 項第 7 款規定之作業時，依下列規定：

二、作業前除使用該場所之換氣裝置予以充分換氣外，作業時間內亦應使該換氣裝置維持有效運轉。

第 14 條　雇主設置之局部排氣裝置，其導管應為易於清掃及測定之構造，並於適當位置開設清潔口及測定孔。

第 15 條　雇主設置之局部排氣裝置，應由專業人員妥為設計，並維持其有效性能。

第 16 條　雇主使勞工從事第 2 條第 1 項第 6 款以外之四烷基鉛作業時，應派遣四烷基鉛作業主管從事下列監督作業：

三、每日確認第 7 條第 1 項第 6 款、第 8 條第 1 項第 4 款及第 12 條第 2 款之換氣裝置運轉狀況。

第 20 條　勞工從事四烷基鉛作業，發生下列事故致有發生四烷基鉛中毒之虞時，雇主或工作場所負責人應即令停止作業，並使勞工退避至安全場所；勞工在不危及其他工作者安全之情形下，亦得自行停止作業及退避至安全場所，並立即向直屬主管報告：

一、因設備或換氣裝置故障致降低、失去效能。

第 21 條　雇主使勞工從事四烷基鉛作業時，依下列規定：

一、作業期間應對四烷基鉛作業之作業場所、儲槽、船艙及坑井等每週實施通風設備運轉狀況、勞工作業情形、空氣流通效果及四烷基鉛使用情形等確認 1 次以上，有四烷基鉛中毒之虞時，應即採取必要措施。

第 26 條　雇主於儲藏四烷基鉛或加鉛汽油時，應使用具有栓蓋之牢固容器並使桶蓋向上以避免四烷基鉛或加鉛汽油之溢出、漏洩、滲透或擴散，該儲藏場所應依下列規定：

二、將四烷基鉛蒸氣排除於室外。

第 27 條　雇主應將曾儲裝四烷基鉛之空容器予以密閉或放置於室外之一定場所，並予標示。

## 七、缺氧症預防規則

2014 年 6 月 26 日行政院勞動部發布

### 第一章　總　則

第 1 條　本規則依職業安全衛生法第 6 條第 3 項規定訂之。

第 2 條　本規則適用於從事缺氧危險作業之有關事業。

前項缺氧危險作業，指於下列缺氧危險場所從事之作業：

一、長期間未使用之水井、坑井、豎坑、隧道、沈箱、或類似場所等之內部。

二、貫通或鄰接下列之一之地層之水井、坑井、豎坑、隧道、沈箱、或類似場所等之內部。

（一）上層覆有不透水層之砂礫層中，無含水、無湧水或含水、湧水較少之部分。

（二）含有亞鐵鹽類或亞錳鹽類之地層。

（三）含有甲烷、乙烷或丁烷之地層。

（四）湧出或有湧出碳酸水之虞之地層。

（五）腐泥層。

三、供裝設電纜、瓦斯管或其他地下敷設物使用之暗渠、人孔或坑井之內部。

四、滯留或曾滯留雨水、河水或湧水之槽、暗渠、人孔或坑井之內部。

五、滯留、曾滯留、相當期間置放或曾置放海水之熱交換器、管、槽、暗渠、人孔、溝或坑井之內部。

六、密閉相當期間之鋼製鍋爐、儲槽、反應槽、船艙等內壁易於氧化之設備之內部。但內壁為不銹鋼製品或實施防銹措施者，不在此限。

七、置放煤、褐煤、硫化礦石、鋼材、鐵屑、原木片、木屑、乾性油、魚油或其他易吸收空氣中氧氣之物質等之儲槽、船艙、倉庫、地窖、貯煤器或其他儲存設備之內部。

八、以含有乾性油之油漆塗敷天花板、地板、牆壁或儲具等，在油漆未乾前即予密閉之地下室、倉庫、儲槽、船艙或其他通風不充分之設備之內部。

九、穀物或飼料之儲存、果蔬之燜熟、種子之發芽或蕈類之栽培等使用之倉庫、地窖、船艙或坑井之內部。

十、置放或曾置放醬油、酒類、胚子、酵母或其他發酵物質之儲槽、地窖或其他釀造設備之內部。

十一、置放糞尿、腐泥、污水、紙漿液或其他易腐化或分解之物質之儲槽、船艙、槽、管、暗渠、人孔、溝、或坑井等之內部。

十二、使用乾冰從事冷凍、冷藏或水泥乳之脫鹼等之冷藏庫、冷凍庫、冷凍貨車、船艙或冷凍貨櫃之內部。

十三、置放或曾置放氦、氬、氮、氟氯烷、二氧化碳或其他惰性氣體之鍋爐、儲槽、反應槽、船艙或其他設備之內部。

十四、其他經中央主管機關指定之場所。

第 3 條　本規則用詞，定義如下：

一、缺氧：指空氣中氧氣濃度未滿 18%之狀態。

二、缺氧症：指因作業場所缺氧引起之症狀。

## 第二章 設 施

第 4 條　雇主使勞工從事缺氧危險作業時，應置備測定空氣中氧氣濃度之必要測定儀器，並採取隨時可確認空氣中氧氣濃度、硫化氫等其他有害氣體濃度之措施。

第 5 條　雇主使勞工從事缺氧危險作業時，應予適當換氣，以保持該作業場所空氣中氧氣濃度在 18%以上。但為防止爆炸、氧化或作業上有顯著困難致不能實施換氣者，不在此限。

雇主依前項規定實施換氣時，不得使用純氧。

第 6 條　雇主使勞工從事隧道或坑井之開鑿作業時，為防止甲烷或二氧化碳之突出導致勞工罹患缺氧症，應於事前就該作業場所及其四周，藉由鑽探孔或其他適當方法調查甲烷或二氧化碳之狀況，依調查結果決定甲烷、二氧化碳之處理方法、開鑿時期及程序後實施作業。

第 9 條　雇主使勞工於儲槽、鍋爐或反應槽之內部或其他通風不充分之場所，使用氬、二氧化碳或氦等從事熔接作業時，應予適當換氣以保持作業場所空氣中氧氣濃度在 18%以上。但為防止爆炸、氧化或作業上有顯著困難致不能實施換氣者，不在此限。

雇主依前項規定實施換氣時，不得使用純氧。

第 12 條　雇主使勞工於銜接有吸引內部空氣之配管之儲槽、反應槽或其他密閉使用之設施內部作業時，於該作業期間，應採取該設施等出入口之門或蓋等不致閉鎖之措施。

第 13 條　雇主採用壓氣施工法實施作業之場所，如存有或鄰近第二條第 2 項第 2 款第 1 目或第 2 目規定之地層時，應調查該作業之井或配管有否空氣之漏洩、漏洩之程度及該作業場所空氣中氧氣之濃度。

第 14 條　雇主使勞工於接近第 2 條第 2 項第 2 款第 1 目或第 2 目規定之地層或貫通該地層之井或置有配管之地下室、坑等之內部從事作業時，應設置將缺氧空氣直接排出外部之設備或將可能漏洩缺氧空氣之地點予以封閉等預防缺氧空氣流入該作業場所之必要措施。

第 15 條　雇主使勞工於地下室或溝之內部及其他通風不充分之室內作業場所從事拆卸或安裝輸送主成分為甲烷、乙烷、丙烷、丁烷或此類混入空氣的氣體配管作業時，應採取確實遮斷該氣體之設施，使其不致流入拆卸或安裝作業場所。

第 16 條　雇主使勞工從事缺氧危險作業時，於當日作業開始前、所有勞工離開作業場所後再次開始作業前及勞工身體或換氣裝置等有異常時，應確認該作業場所空氣中氧氣濃度、硫化氫等其他有害氣體濃度。

前項確認結果應予記錄，並保存 3 年。

第 18 條　雇主使勞工於缺氧危險場所或其鄰接場所作業時，應將下列注意事項公告於作業場所入口顯而易見之處所，使作業勞工周知：

一、有罹患缺氧症之虞之事項。

二、進入該場所時應採取之措施。

三、事故發生時之緊急措施及緊急聯絡方式。

四、空氣呼吸器等呼吸防護具、安全帶等、測定儀器、換氣設備、聯絡設備等之保管場所。

五、缺氧作業主管姓名。

雇主應禁止非從事缺氧危險作業之勞工，擅自進入缺氧危險場所；並應將禁止規定公告於勞工顯而易見之處所。

第 20 條　雇主使勞工從事缺氧危險作業時，應於每一班次指定缺氧作業主管從事下列監督事項：

一、決定作業方法並指揮勞工作業。

二、第 16 條規定事項。

三、當班作業前確認換氣裝置、測定儀器、空氣呼吸器等呼吸防護具、安全帶等及其他防止勞工罹患缺氧症之器具或設備之狀況，並採取必要措施。

四、監督勞工對防護器具或設備之使用狀況。

五、其他預防作業勞工罹患缺氧症之必要措施。

第 21 條　雇主使勞工從事缺氧危險作業時，應指派 1 人以上之監視人員，隨時監視作業狀況，發覺有異常時，應即與缺氧作業主管及有關人員聯繫，並採取緊急措施。

第 24 條　雇主對從事缺氧危險作業之勞工，應依職業安全衛生教育訓練規則規定施予必要之安全衛生教育訓練。

第 25 條　雇主使勞工從事缺氧危險作業，未能依第五條或第九條規定實施換氣時，應置備適當且數量足夠之空氣呼吸器等呼吸防護具，並使勞工確實戴用。

第 26 條　雇主使勞工從事缺氧危險作業，勞工有因缺氧致墜落之虞時，應供給該勞工使用之梯子、安全帶或救生索，並使勞工確實使用。

第 27 條　雇主使勞工從事缺氧危險作業時，應置備空氣呼吸器等呼吸防護具、梯子、安全帶或救生索等設備，供勞工緊急避難或救援人員使用。

第 28 條　雇主應於缺氧危險作業場所置救援人員，於其擔任救援作業期間，應提供並使其使用空氣呼吸器等呼吸防護具。

第 30 條　雇主使勞工戴用輸氣管面罩之連續作業時間，每次不得超過一小時。

## 八、特定化學物質危害預防標準

2016 年 1 月 30 日行政院勞動部發布

### 第一章 總 則

第 1 條　本標準依職業安全衛生法第 6 條第 3 項規定訂定之。

第 6 條　為防止特定化學物質引起職業災害，雇主應致力確認所使用物質之毒性，尋求替代物之使用、建立適當作業方法、改善有關設施與作業環境並採取其他必要措施。

### 第二章 設 施

第 10 條　雇主使勞工從事製造鈹等以外之乙類物質時，應依下列規定辦理：

一、製造場所應與其他場所隔離，且該場所之地板及牆壁應以不浸透性材料構築，且應為易於用水清洗之構造。

二、製造設備應為密閉設備，且原料、材料及其他物質之供輸、移送或搬運，應採用不致使作業勞工之身體與其直接接觸之方法。

三、為預防反應槽內之放熱反應或加熱反應，自其接合部分漏洩氣體或蒸氣，應使用墊圈等密接。

四、為預防異常反應引起原料、材料或反應物質之溢出，應在冷凝器內充分注入冷卻水。

五、必須在運轉中檢點內部之篩選機或真空過濾機，應為於密閉狀態下即可觀察其內部之構造，且應加鎖；非有必要，不得開啟。

六、處置鈹等以外之乙類物質時，應由作業人員於隔離室遙控操作。但將粉狀鈹等以外之乙類物質充分濕潤成泥狀或溶解於溶劑中者，不在此限。

七、從事鈹等以外之乙類物質之計量、投入容器、自該容器取出或裝袋作業，於採取前款規定之設備顯有困難時，應採用不致使作業勞工之身體與其直接接觸之方法，且該作業場所應設置包圍型氣罩之局部排氣裝置；局部排氣裝置應置除塵裝置。

八、為預防鈹等以外之乙類物質之漏洩及其暴露對勞工之影響，應就下列事項訂定必要之操作程序，並依該程序實施作業：

（一）閥、旋塞等（製造鈹等以外之乙類物質之設備於輸給原料、材料時，以及自該設備取出製品等時為限）之操作。

（二）冷卻裝置、加熱裝置、攪拌裝置及壓縮裝置等之操作。

（三）計測裝置及控制裝置之監視及調整。

（四）安全閥、緊急遮斷裝置與其他安全裝置及自動警報裝置之調整。

（五）蓋板、凸緣、閥、旋塞等接合部分之有否漏洩鈹等以外之乙類物質之檢點。

（六）試料之採取及其所使用之器具等之處理。

（七）發生異常時之緊急措施。

（八）個人防護具之穿戴、檢點、保養及保管。

（九）其他為防止漏洩等之必要措施。

九、自製造設備採取試料時，應依下列規定：

（一）使用專用容器。

（二）試料之採取，應於事前指定適當地點，並不得使試料飛散。

（三）經使用於採取試料之容器等，應以溫水充分洗淨，並保管於一定之場所。

十、勞工從事鈹等以外之乙類物質之處置作業時，應使該勞工穿戴工作衣、不浸透性防護手套及防護圍巾等個人防護具。

第 11 條　雇主使勞工從事鈹等之乙類物質時，應依下列規定辦理：

一、鈹等之燒結或煆燒設備（自氫氧化鈹製造高純度氧化鈹製程中之設備除外）應設置於與其他場所隔離之室內，且應設置局部排氣裝置。

二、經燒結、煆燒之鈹等，應使用吸出之方式自匣缽取出。

三、經使用於燒結、煆燒之匣缽之打碎，應與其他場所隔離之室內實施，且應設置局部排氣裝置。

四、鈹等之製造場所之地板及牆壁，應以不浸透性材料構築，且應為易於用水清洗之構造。

五、鈹等之製造設備（從事鈹等之燒結或煆燒設備、自電弧爐融出之鈹等製造鈹合金製程中之設備及自氫氧化鈹製造高純度氧化鈹製程中之設備除外）應為密閉設備或設置覆圍等。

六、必須於運轉中檢點內部之前款設備，應為於密閉狀態或覆圍狀態下可觀察其內部之構造，且應加鎖；非有必要，不得開啟。

七、以電弧爐融出之鈹等製造鈹合金製程中實施下列作業之場所，應設置局部排氣裝置。

（一）於電弧爐上之作業。

（二）自電弧爐泄漿之作業。

（三）熔融鈹等之抽氣作業。

（四）熔融鈹等之浮碴之清除作業。

（五）熔融鈹等之澆注作業。

八、為減少電弧爐插入電極部分之間隙，應使用砂封。

九、自氫氧化鈹製造高純度氧化鈹製程中之設備，應依下列規定：

（一）熱分解爐應設置於與其他場所隔離之室內場所。

（二）其他設備應為密閉設備、設置覆圍或加蓋形式之構造。

十、鈹等之供輸、移送或搬運，應採用不致使作業勞工之身體與其直接接觸之方法。

十一、處置粉狀之鈹等時（除供輸、移送或搬運外），應由作業人員於隔離室遙控操作。

十二、從事粉狀之鈹等之計量、投入容器、自該容器取出或裝袋作業，於採取前款規定之設施顯有困難時，應採用不致使作業勞工之身體與其直接接觸之方法，且該作業場所應設置包圍型氣罩之局部排氣裝置。

十三、為預防鈹等之粉塵、燻煙、霧滴之飛散致勞工遭受污染，應就下列事項訂定必要之操作程序，並依該程序實施作業：

（一）將鈹等投入容器或自該容器取出。

（二）儲存鈹等之容器之搬運。

（三）鈹等之空氣輸送裝置之檢點。
（四）過濾集塵方式之集塵裝置（含過濾除塵方式之除塵裝置）之濾材之更換。
（五）試料之採取及其所使用之器具等之處理。
（六）發生異常時之緊急措施。
（七）個人防護具之穿戴、檢點、保養及保管。
（八）其他為防止鈹等之粉塵、燻煙、霧滴之飛散之必要措施。

十四、勞工從事鈹等之處置作業時，應使該勞工穿戴工作衣及防護手套（供處置濕潤狀態之鈹等之勞工應著不浸透性之防護手套。）等個人防護具。

第 12 條　雇主為試驗或研究使勞工從事製造乙類物質時，應依下列規定：

一、製造設備應為密閉設備。但在作業性質上設置該項設備顯有困難，而將其置於氣櫃內者，不在此限。
二、製造場所應與其他場所隔離，且該場所之地板及牆壁應以不浸透性材料構築，且應為易於用水清洗之構造。
三、使從事製造乙類物質之勞工，具有預防該物質引起危害健康之必要知識。

第 13 條　雇主使勞工處置、使用乙類物質，將乙類物質投入容器、自容器取出或投入反應槽等之作業時，應於該作業場所設置可密閉各該物質之氣體、蒸氣或粉塵發生源之密閉設備或使用包圍型氣罩之局部排氣裝置。

第 14 條　雇主使勞工從事鈹等之加工作業（將鈹等投入容器、自容器取出或投入反應槽等之作業除外）時，應於該作業場所設置可密閉鈹等之粉塵發生源之密閉設備或局部排氣裝置。

第 15 條　雇主使勞工從事製造丙類第一種物質或丙類第二種物質時，製造設備應採用密閉型，由作業人員於隔離室遙控操作。但將各該粉狀物質充分濕潤成泥狀或溶解於溶劑中者，不在此限。

因計量、投入容器、自該容器取出或裝袋作業等，於採取前項設施顯有困難時，應採用不致使勞工之身體與其直接接觸之方法，且於各該作業場所設置包圍型氣罩之局部排氣裝置。

第 16 條　雇主對散布有丙類第一種物質或丙類第三種物質之氣體、蒸氣或粉塵之室內作業場所，應於各該發生源設置密閉設備或局部排氣裝置。但設置該項設備顯有困難或為臨時性作業者，不在此限。

依前項但書規定未設密閉設備或局部排氣裝置時，應設整體換氣裝置或將各該物質充分濕潤成泥狀或溶解於溶劑中者，危害勞工健康之程度者。

第一項規定之室內作業場所不包括散布有丙類第一種物質之氣體、蒸氣或粉塵之下列室內作業場所：

一、於丙類第一種物質製造場所，處置該物質時。

二、於燻蒸作業場所處置氰化氫、溴甲烷或含各該物質佔其重量超過 1%之混合物（以下簡稱溴甲烷等）時。

三、將苯或含有苯佔其體積比超過 1%之混合物（以下簡稱苯等）供為溶劑（含稀釋劑）使用時。

第 17 條　雇主依本標準規定設置之局部排氣裝置，依下列規定：

一、氣罩應置於每一氣體、蒸氣或粉塵發生源；如為外裝型或接受型之氣罩，則應接近各該發生源設置。

二、應儘量縮短導管長度、減少彎曲數目，且應於適當處所設置易於清掃之清潔口與測定孔。

三、設置有除塵裝置或廢氣處理裝置者，其排氣機應置於各該裝置之後。但所吸引之氣體、蒸氣或粉塵無爆炸之虞且不致腐蝕該排氣機者，不在此限。

四、排氣口應置於室外。

五、於製造或處置特定化學物質之作業時間內有效運轉，降低空氣中有害物濃度。

第 30 條　雇主對製造、處置或使用乙類物質、丙類物質或丁類物質之設備，或儲存可生成該物質之儲槽等，因改造、修理或清掃等而拆卸該設備之作業或必須進入該設備等內部作業時，應依下列規定：

一、派遣特定化學物質作業主管從事監督作業。

二、決定作業方法及順序，於事前告知從事作業之勞工。

三、確實將該物質自該作業設備排出。

四、為使該設備連接之所有配管不致流入該物質，應將該閥、旋塞等設計為雙重開關構造或設置盲板等。

五、依前款規定設置之閥、旋塞應予加鎖或設置盲板，並將「不得開啟」之標示揭示於顯明易見之處。

六、作業設備之開口部，不致流入該物質至該設備者，均應予開放。

七、使用換氣裝置將設備內部充分換氣。

八、以測定方法確認作業設備內之該物質濃度未超過容許濃度。

九、拆卸第四款規定設置之盲板等時，有該物質流出之虞者，應於事前確認在該盲板與其最接近之閥或旋塞間有否該物質之滯留，並採取適當措施。

十、在設備內部應置發生意外時能使勞工立即避難之設備或其他具有同等性能以上之設備。

十一、供給從事該作業之勞工穿著不浸透性防護衣、防護手套、防護長鞋、呼吸用防護具等個人防護具。

雇主在未依前項第 8 款規定確認該設備適於作業前，應將「不得將頭部伸入設備內」之意旨，告知從事該作業之勞工。

第 35 條　雇主應於製造、處置或使用乙類物質或丙類物質之作業場所以外之場所設置休息室。

前項物質為粉狀時，其休息室應依下列規定：

一、應於入口附近設置清潔用水或充分濕潤之墊席等，以清除附著於鞋底之附著物。

二、入口處應置有衣服用刷。

三、地面應為易於使用真空吸塵機吸塵或水洗之構造，並每日清掃一次以上。

雇主於勞工進入前項規定之休息室之前，應使其將附著物清除。

## 第三章　管　理

第 37 條　雇主使勞工從事特定化學物質之作業時，應指定現場主管擔任特定化學物質作業主管，實際從事監督作業。

雇主應使前項作業主管執行下列規定事項：

一、預防從事作業之勞工遭受污染或吸入該物質。

二、決定作業方法並指揮勞工作業。

三、保存每月檢點局部排氣裝置及其他預防勞工健康危害之裝置 1 次以上之紀錄。

四、監督勞工確實使用防護具。

第 38 條　雇主設置之密閉設備、局部排氣裝置或整體換氣裝置，應由專業人員妥為設計，並維持其性能。

## 第四章　特殊作業管理

第 44 條　雇主使勞工從事下列之一作業時，應將石綿等加以濕潤。但濕潤石綿等有顯著困難者，不在此限。

一、石綿等之截斷、鑽孔或研磨等作業。

二、塗敷、注入或襯貼有石綿等之物之破碎、解體等作業。

三、將粉狀石綿等投入容器或自該容器取出之作業。

四、粉狀石綿等之混合作業。

雇主應於前項作業場所設置收容石綿等之切屑所必要之有蓋容器。

第 45 條　雇主使勞工從事煉焦作業必須使勞工於煉焦爐上方或接近該爐作業時，應依下列規定：

一、煉焦爐用輸煤裝置、卸焦裝置、消熱車用導軌裝置或消熱車等之駕駛室內部，應具有可防止煉焦爐生成之特定化學物質之氣體、蒸氣或粉塵（以下簡稱煉焦爐生成物）流入之構造。

二、煉焦爐之投煤口及卸焦口等場所，應設置可密煉焦爐生成物之密閉設備或局部排氣裝置。

三、依前款規定設置之局部排氣裝置或供焦煤驟冷之消熱設備，應設濕式或過濾除塵裝置或具有同等性能以上之除塵裝置。

四、為煤碳等之輸入而需使煉焦爐內減壓，應在上升管部分採取適當之裝置。

五、為防止上升管與上升管蓋接合部分漏洩煉焦爐生成物，應將該接合部分緊密連接。

六、為防止勞工輸煤於煉焦爐致遭受煉焦爐生成物之污染，輸煤口蓋之開閉，應由作業人員於隔離室遙控操作。

七、從事煉焦作業，應依下列事項訂定操作程序，並依該程序作業。

（一）輸煤裝置之操作。

（二）設置於上升管部之設備之操作。

（三）關閉輸煤口時，其與蓋間及上升管與上升管蓋板間漏洩煉焦爐生成物時之檢點方法。

（四）附著於輸煤口蓋附著物之除卻方法。

（五）附著於上升管內附著物之除卻方法。

（六）防護具之檢點及管理。

（七）其他為防止勞工遭受煉焦爐生成物污染之必要措施。

第 47 條　雇主不得使勞工從事以苯等為溶劑之作業。但作業設備為密閉設備或採用不使勞工直接與苯等接觸並設置包圍型局部排氣裝置者，不在此限。

## 九、粉塵危害預防標準

2014 年 6 月 25 日行政院勞動部發布

第 1 條　本標準依職業安全衛生法第 6 條第 3 項規定訂之。

第 2 條　本標準適用於附表一甲欄所列粉塵作業之有關事業。

第 3 條　本標準用詞，定義如下：

一、粉塵作業：指附表一甲欄所列之作業。

二、特定粉塵發生源：指附表一乙欄所列作業之處所。

五、密閉設備：指密閉粉塵之發生源，使其不致散布之設備。

六、局部排氣裝置：指藉動力強制吸引並排出已發散粉塵之設備。

七、整體換氣裝置：指藉動力稀釋已發散之粉塵之設備。

第 6 條　雇主為防止特定粉塵發生源之粉塵之發散，應依附表一乙欄所列之每一特定粉塵發生源，分別設置對應同表該欄所列設備之任何之一種或具同等以上性能之設備。

第 7 條　雇主依前條規定設置之局部排氣裝置（在特定粉塵發生源設置有磨床、鼓式砂磨機等除外），應就附表二所列之特定粉塵發生源，設置同表所列型式以外之氣罩。

## 附表二

<table>
<tr><th colspan="2">特定粉塵發生源</th><th>氣罩型式</th></tr>
<tr><td colspan="2">附表一乙欄（五）所列從岩石或礦石切斷之處所</td><td>外裝型氣罩上方吸引式</td></tr>
<tr><td colspan="2">附表一乙欄（六）所列之處所</td><td>外裝型氣罩</td></tr>
<tr><td rowspan="2">附表一乙欄（八）所列之處所</td><td>土石、岩石、礦物、碳原料或鋁箔之搗碎、粉碎處所</td><td>外裝型氣罩下方吸引式</td></tr>
<tr><td>土石、岩石、礦物、碳原料或鋁箔之修飾處所</td><td>外裝型氣罩</td></tr>
<tr><td colspan="2">附表一乙欄（十四）所列使用壓縮空氣除塵之處所</td><td>外裝型氣罩上方吸引式</td></tr>
<tr><td rowspan="2">附表一乙欄（七）所列之處所</td><td>砂模拆除或除砂之處所</td><td>外裝型氣罩上方吸引式</td></tr>
<tr><td>砂再生之處所</td><td>外裝型氣罩</td></tr>
</table>

第 9 條　雇主依第 6 條或第 23 條但書設置局部排氣裝置之特定粉塵發生源，設置有磨床、鼓式砂磨機等回轉機械時，應依下列之一設置氣罩：

一、可將回轉體機械裝置等全部包圍之方式。

二、設置之氣罩可在氣罩開口面覆蓋粉塵之擴散方向。

三、僅將回轉體部分包圍之方式。

第 10 條　雇主對從事特定粉塵作業以外之粉塵作業之室內作業場所，為防止粉塵之發散，應設置整體換氣裝置或具同等以上性能之設備。但臨時性作業、作業時間短暫或作業期間短暫，且供給勞工使用適當之呼吸防護具時，不在此限。

第 11 條　雇主對於從事特定粉塵作業以外之粉塵作業之坑內作業場所（平水坑除外），為防止粉塵之擴散，應設置換氣裝置或同等以上性能之設備。但臨時性作業、作業時間短暫或作業期間短暫，且供給勞工使用適當之呼吸防護具時，不在此限。

前項換氣裝置應具動力輸入外氣置換坑內空氣之設備。

第 11-1 條　雇主設置之密閉設備、局部排氣裝置或整體換氣裝置，應由專業人員妥為設計，並維持其性能。

第 13 條　適於下列各款之一之特定粉塵作業，雇主除於室內作業場所設置整體換氣裝置及於坑內作業場所設置第 11 條第 2 項之換氣裝置外，並使各該作業勞工使用適當之呼吸防護具時，得不適用第 6 條之規定。

一、於使用前直徑小於 30cm 分之研磨輪從事作業時。

二、使用搗碎或粉碎之最大能力每小時小於 20kg 之搗碎機或粉碎機從事作業時。

三、使用篩選面積小於 700cm$^2$ 之篩選機從事作業時。

四、使用內容積小於 18L 之混合機從事作業時。

第 15 條　雇主設置之局部排氣裝置，應依下列之規定：

一、氣罩宜設置於每一粉塵發生源，如採外裝型氣罩者，應儘量接近發生源。

二、導管長度宜儘量縮短，肘管數應儘量減少，並於適當位置開啟易於清掃及測定之清潔口及測定孔。

三、局部排氣裝置之排氣機，應置於空氣清淨裝置後之位置。

四、排氣口應設於室外。但移動式局部排氣裝置或設置於附表一乙欄（七）所列之特定粉塵發生源之局部排氣裝置設置過濾除塵方式或靜電除塵方式者，不在此限。

五、其他經中央主管機關指定者。

第 16 條 局部排氣裝置或整體換氣裝置，於粉塵作業時間內，應不得停止運轉。

局部排氣裝置或整體換氣裝置，應置於使排氣或換氣不受阻礙之處，使之有效運轉。

第 17 條 雇主依第 6 條規定設置之濕式衝擊式鑿岩機於實施特定粉塵作業時，應使之有效給水。

第 18 條 雇主依第 6 條或第 23 條但書規定設置維持粉塵發生源之濕潤狀態之設備，於粉塵作業時，對該粉塵發生處所應保持濕潤狀態。

第 19 條 雇主使勞工從事粉塵作業時，應依下列規定辦理：

一、對粉塵作業場所實施通風設備運轉狀況、勞工作業情形、空氣流通效果及粉塵狀況等隨時確認，並採取必要措施。

二、預防粉塵危害之必要注意事項，應通告全體有關勞工。

第 23 條 雇主使勞工從事附表一丙欄所列之作業時，應提供並令該作業勞工使用適當之呼吸防護具。但該作業場所粉塵發生源設置有效之密閉設備、局部排氣裝置或對該粉塵發生源維持濕潤狀態者，不在此限。

## 附表一

| 甲欄 | 乙欄 | | 丙欄 |
|---|---|---|---|
| 粉塵作業 | 特定粉塵發生源及應採措施 | | 應著用呼吸防護具之作業 |
| ㈠ 採掘礦物等（不包括濕潤土石）場所之作業。但於坑外以濕式採掘之作業及於室外非以動力或非以爆破採掘之作業除外。 | ㈠ 於坑內以動力採掘礦物等之處所 | ㈠ 之處所：<br>1. 使用衝擊式鑿岩機採掘之處所應使用濕式型者。但坑內經查確無水源且供勞工著用有效之呼吸用防護具者不在此限。<br>2. 未使用衝擊式鑿岩機之處所應設置維持濕潤狀態之設備。 | ㈠ 於坑外以衝擊式鑿岩機採掘礦物等之作業。 |
| ㈡ 積載有礦物等（不包括濕潤物）車荷台以翻覆或傾斜方式卸礦場所之作業，但㈢、㈨或(十八)所列之作業除外。 | | | ㈡ 於室內或坑內之裝載礦物等之車荷台以翻覆或傾斜方式卸礦之作業。 |
| ㈢ 於坑內礦物等之搗碎、粉碎、篩選或裝卸場所之作業。但濕潤礦物等之裝卸作業及於水中實施搗碎、粉碎或篩選之作業除外。 | ㈡ 以動力搗碎、粉碎或篩選之處所。<br>㈢ 以車輛系營建機械裝卸之處所。<br>㈣ 以輸送機（移動式輸送機除外）裝卸之處處所（不包括㈡所列之處所）。 | ㈡ 之處所：<br>1. 設置密閉設備。<br>2. 設置維持濕潤狀態之設備。<br>㈢、㈣之處所：<br>設置維持濕潤狀態之設備。 | |

## 附表一（續）

| 甲　欄 | 乙　欄 | | 丙　欄 |
|---|---|---|---|
| ㈣ 於坑內搬運礦物等（不包括濕潤物）場所之作業。但駕駛裝載礦物等之牽引車輛之作業除外。 | | | |
| ㈤ 於坑內從事礦物等（不包括濕潤物）之充填或散布石粉之場所作業。 | | | ㈢ 於坑內礦物等（不包括濕潤物）之充填或散布石粉之作業。 |
| ㈥ 岩石或礦物之切斷、雕刻或修飾場所之作業（不包括⒀所列作業。但使用火焰切斷、修飾之作業除外。 | ㈤ 於室內以動力（手提式或可搬動式動力工具除外）切斷、雕刻或修飾之處所。<br>㈥ 於室內以研磨材噴射、研磨或岩石、礦物之雕刻之處所。 | ㈤ 之處所：<br>1. 設置局部排氣裝置。<br>2. 設置維持濕潤狀態之設備。<br>㈥ 之處所：<br>1. 設置密閉設備。<br>2. 設置局部排氣裝置。 | ㈣ 於室內或坑內以手提式或可搬動式動力工具切斷岩石、礦物或雕刻及修飾之作業。<br>㈤ 於室外以研磨材噴射、研磨或岩石、礦物之雕刻場所之作業。 |
| ㈦ 以研磨材吹噴研磨或用研磨材以動力研磨岩石、礦物之或從事金屬或削除毛邊或切斷金屬場所之作業。但⒃所列之作業除外。 | ㈦ 於室內用研磨材以動力（手提式或可搬動式動力工具除外）研磨岩石、礦物或金屬或削除毛邊或切斷金屬之處所之作業。 | ㈦ 之處所：<br>1. 設置密閉設備。<br>2. 設置局部排氣裝置。<br>3. 設置維持濕潤狀態之設備。 | ㈥ 於室外以研磨材噴射研磨或岩石、礦物之雕刻場所之作業。<br>㈦ 於室內、坑內、儲槽、船舶、管道、車輛等之內部以手提式或可搬動式動力工具（限使用研磨材者）研磨岩石、礦物或金屬或削除毛邊或切斷金屬之作業。 |

## 附表一（續）

| 甲欄 | 乙欄 | | 丙欄 |
|---|---|---|---|
| (八)以動力從事搗碎、粉碎或篩選土石、岩石、礦物、碳原料或鋁箔場所之作業（不包括(十三)、(十五)或(十九)所列之作業）。但於水中或油中以動力搗碎、粉碎或修飾之作業除外。 | (八)於室內以動力（手提式動力工具除外）搗碎、粉碎或篩選土石、岩石礦物、碳原料或鋁箔之處所。 | (八)之處所：<br>1. 設置密閉設備。<br>2. 設置局部排氣裝置。<br>3. 設置維持濕潤狀態之設備（但鋁箔之搗碎、粉碎或篩選之處所除外）。 | (八)於室內或坑內以手提式動力工具搗碎、粉碎土石、岩石礦物、碳原料或鋁箔之作業。 |
| (九)水泥、飛灰或粉狀之礦石、碳原料或碳製品之乾燥、袋裝或裝卸場所之作業。但(三)、(十七)或(十八)所列之作業除外。 | (九)於室內將水泥、飛灰或粉狀礦石、碳原料、鋁或二氧化鈦袋裝之處所。 | (九)之處所：設置局部排氣裝置。 | (九)將乾燥水泥、飛灰、粉狀礦石、碳原料或碳製品裝入乾燥設備內部之作業或於室內從事此等物質之裝卸作業。 |
| (十)粉狀鋁或二氧化鈦之袋裝場所之作業。 | | | |
| (十一)以粉狀之礦物等或碳原料為原料或材料物品之製造或加工過程中，將粉狀之礦物等石、碳原料或含有此等之混合物之混入、混合或散布場所之作業。但(十一)、(十二)或(十四)所列之作業除外。 | (十)於室內混合粉狀之礦物等、碳原料及含有此等物質之混入或散布之處所。 | (十)之處所：<br>1. 設置密閉設備。<br>2. 設置局部排氣裝置。<br>3. 設置維持濕潤狀態之設備。 | |

## 附表一（續）

| 甲欄 | 乙欄 | | 丙欄 |
|---|---|---|---|
| (十二) 於製造玻璃或琺瑯過程中從事原料混合場所之作業或將原料或調合物投入熔化爐之作業。但於水中從事混合原料之作業除外。 | (十一) 於室內混合原料之處所。 | (十一) 之處所：<br>1. 設置密閉設備。<br>2. 設置局部排氣裝置。<br>3. 設置維持濕潤狀態之設備。 | |
| (十三) 陶磁器、耐火物、矽藻土製品或研磨材製造過程中，從事原料之混合或成形、原料或半製品之乾燥、半製品裝載於車台，或半製品或製品自車台卸車、修飾或打包場所、或窯內之作業。但於陶磁器製造過程中原料灌注成形、半製品之修飾或製品打包之作業及於水中混合原料之作業除外。 | (十二) 於室內混合原料之處所。<br>(十三) 裝造耐火磚、磁磚過程中，於室內以動力將原料（潤濕物除外）成形之處所。<br>(十四) 於室內將半製品或製品以動力（手提式動力工具除外）修飾之處所。 | (十二) 之處所：<br>1. 設置密閉設備。<br>2. 設置局部排氣裝置。<br>3. 設置維持濕潤狀態之設備。<br>(十三) 之處所：<br>1. 設置局部排氣裝置。<br>(十四) 之處所：<br>1. 設置局部排氣裝置。<br>2. 設置維持濕潤狀態之設備。 | (十) 將乾燥原料或半製品裝入乾燥設備內部之作業或裝入爐內之作業。 |

## 附表一（續）

| 甲　欄 | 乙　欄 | | 丙　欄 |
|---|---|---|---|
| (十四) 於製造碳製品過程中、從事碳原料混合或成形、半成品入窯或半成品、成品出窯或修飾場所之作業。但於水中混合原料之作業除外。 | (十五) 於室內混合原料之處所。<br>(十六) 於室內將半製品或製品以動力（手提式動力工具除外）修飾之處所。 | (十五) 之處所：<br>1. 設置密閉設備。<br>2. 設置局部排氣裝置。<br>3. 設置維持濕潤狀態之設備。<br>(十六) 之處所：<br>1. 設置局部排氣裝置。<br>2. 設置維持濕潤狀態之設備。 | (十一) 將半製品入窯或將半製品或製品出窯或裝入窯內之作業。 |
| (十五) 從事使用砂模、製造鑄件過程中拆除砂模、除砂、再生砂、將砂混鍊或削除鑄毛邊場所之作業（不包括(七)所列之作業）。但於水中將砂再生之作業除外。 | (十七) 於室內以拆模裝置從事拆除砂模或除砂或以動力（手提式動力工具除外）再生砂或將砂混鍊，或削除鑄毛邊之處所。 | (十七) 之處所：<br>1. 設置密閉設備。<br>2. 設置局部排氣裝置。 | (十二) 非以拆模裝置實施拆除砂模或除砂或非以動力再生砂或以手提式動力工具削除鑄毛邊之作業。 |
| (十六) 從事靠泊礦石專用碼頭之礦石專用船艙內將礦物等（不包括濕潤物）攪落或攪集之作業。 | | | (十三) 從事靠泊礦石專用碼頭之礦石專用船艙內將礦物等（不包括濕潤物）攪落或攪集之作業。 |
| (十七) 在金屬、其他無機物鍊製或融解過程中，將土石或礦物投入開放爐、熔結出漿或翻砂場所之作業。但自轉爐出漿或以金屬模翻砂場所之作業除外。 | | | |

## 附表一（續）

| 甲　欄 | 乙　欄 | | 丙　欄 |
|---|---|---|---|
| (十八) 燃燒粉狀之鑄物過程中或鍊製、融解金屬、其他無機物過程中將附著於爐、煙道、煙囪等或付著、堆積之礦渣、灰之清落、清除、裝卸或投入於容器場所之作業。 | | | (十四) 將附著、堆積於爐、煙道、煙囪等之礦渣、灰之清落、清除、裝卸或投入於容器之作業。 |
| (十九) 使用耐火物構築爐或修築或以耐火物製成爐之解體或搗碎之作業。 | | | (十五) 使用耐火物構築爐或修築或以耐火物製成爐之解體或搗碎之作業。 |
| (二十) 在室內、坑內或儲槽、船舶、管道、車輛等內部實施金屬熔斷、電焊熔接之作業。但在室內以自動熔斷或自動熔接之作業除外。 | | | (十六) 在室內、坑內或儲槽、船舶、管道、車輛等內部實施金屬熔斷、電焊熔接之作業。 |
| (二十一) 於金屬熔射場所之作業。 | (十八) 於室內非以手提式熔射機熔射金屬之處所。 | (十八) 之處所：<br>1. 設置密閉設備。<br>2. 設置局部排氣裝置。 | (十七) 以手提式熔射機熔射金屬之作業。 |
| (二十二) 將附有粉塵之藺草等植物纖維之入庫、出庫、選別調整或編織場所之作業。 | | | (十八) 將附有粉塵之藺草之入庫或出庫之作業。 |

## 十、礦場職業衛生設施標準

2014 年 6 月 25 日行政院勞動部發布

第 1 條　本標準依職業安全衛生法（以下簡稱本法）第 6 條第 3 項規定訂定之。本標準未規定者，適用其他有關職業安全衛生法令之規定。

第 4 條　雇主對坑內作業場所之通風，依作業面人數、有害氣體、礦道掘進深度、溫濕條件等妥為設計，並符合下列規定：

一、應有充分沖淡或排除有害氣體之必要通風量及通風速度。

二、通風速度不得超過 450m/min。但直井及專用坑道得增至 600m。

三、入風坑之通風量，應以 1 日中同時在坑內作業之最高人數為標準，每人 $3m^3$/min 以上。

前項第 2 款及第 3 款情形，有自然發火或其他特殊安全原因時，依礦場安全相關法令辦理。

第 6 條　雇主對坑內作業場所之一氧化碳濃度超過 50ppm 時，應立即使作業勞工退避至安全處所，並予標示。但戴用空氣呼吸器等呼吸防護具從事搶救人員或處理現場之通風系統等設備者，不在此限。

第 7 條　雇主對於坑內作業場所空氣中氧氣濃度，應保持在 19%以上，如低於 19%時，不得使勞工在該場所作業。但戴用空氣呼吸器等呼吸防護具從事搶救人員或處理現場之通風系統等設備者，不在此限。

第 10 條　雇主應於坑外適當場所依下列規定設置廁所及盥洗設備：

十、廁所應保持良好通風。

第 11 條　雇主在發爆產生之粉塵或有害氣體未沖淡至容許暴露標準以下前，不得使勞工接近該作業場所。但戴用適當防護具，從事搶救人員或處理現場之通風系統等設備者，不在此限。

第 13 條　雇主對坑內作業場所，每週應確認其通風量 1 次以上，並採必要之措施。其採用自然通風之坑內作業場所，於季節更換之際應每日為之。

## 十一、職業安全衛生管理辦法

2016 年 2 月 19 日行政院勞動部發布

### 第一章　總　則

第 1 條　本辦法依職業安全衛生法（以下簡稱本法）第 23 條第 4 項規定訂定之。

### 第四章　自動檢查

#### 第二節　設備之定期檢查

第 40 條　雇主對局部排氣裝置、空氣清淨裝置及吹吸型換氣裝置應每年依下列規定定期實施檢查 1 次：

一、氣罩、導管及排氣機之磨損、腐蝕、凹凸及其他損害之狀況及程度。

二、導管或排氣機之塵埃聚積狀況。

三、排氣機之注油潤滑狀況。

四、導管接觸部分之狀況。

五、連接電動機與排氣機之皮帶之鬆弛狀況。

六、吸氣及排氣之能力。

七、設置於排放導管上之採樣設施是否牢固、鏽蝕、損壞、崩塌或其他妨礙作業安全事項。

八、其他保持性能之必要事項。

第 41 條　雇主對設置於局部排氣裝置內之空氣清淨裝置，應每年依下列規定定期實施檢查 1 次：

一、構造部分之磨損、腐蝕及其他損壞之狀況及程度。

二、除塵裝置內部塵埃堆積之狀況。

三、濾布式除塵裝置者，有濾布之破損及安裝部分鬆弛之狀況。

四、其他保持性能之必要措施。

## 第三節　機械、設備之重點檢查

第 47 條　雇主對局部排氣裝置或除塵裝置，於開始使用、拆卸、改裝或修理時，應依下列規定實施重點檢查：

一、導管或排氣機粉塵之聚積狀況。

二、導管接合部分之狀況。

三、吸氣及排氣之能力。

四、其他保持性能之必要事項。

## 第五節　作業檢點

第 68 條　雇主使勞工從事缺氧危險或局限空間作業時，應使該勞工就其作業有關事項實施檢點。

第 78 條　雇主依第 50 條至第 56 條及第 58 條至第 77 條實施之檢點，其檢點對象、內容，應依實際需要訂定，以檢點手冊或檢點表等為之。

## 第六節 自動檢查紀錄及必要措施

第 79 條 雇主依第 13 條至第 63 條規定實施之自動檢查，應訂定自動檢查計畫。

第 80 條 雇主依第 13 條至第 49 條規定實施之定期檢查、重點檢查應就下列事項記錄，並保存 3 年：

一、檢查年月日。

二、檢查方法。

三、檢查部分。

四、檢查結果。

五、實施檢查者之姓名。

六、依檢查結果應採取改善措施之內容。

# 附錄 B 整體換氣關係式之推演

$$V\frac{dC}{dt} = G + QC_{\text{input}} - QC$$

① $Q = 0$

$$V\frac{dC}{dt} = G$$

$$\downarrow \times dt$$

$$VdC = Gdt$$

$$\downarrow \div V$$

$$dC = \frac{G}{V}dt$$

↓積分，$C = C_1 \ at = t_1$

$$C = C_1 + \frac{G}{V}(t - t_1)$$

② $Q \neq 0$

$\downarrow \div Q$

$$(\frac{V}{Q})\frac{dC}{dt} = \frac{G}{Q} + C_{\text{input}} - C$$

$\downarrow$

$$\frac{dC}{C - (\frac{G}{Q} + C_{\text{input}})} = \frac{-Q}{V} dt$$

$\downarrow$ 積分

$$\ln \frac{C - (\frac{G}{Q} + C_{\text{input}})}{C_1 - (\frac{G}{Q} + C_{\text{input}})} = -\frac{Q}{C}(t - t_1)$$

$$C = C_{\text{input}} + \frac{G}{Q} + [C_1 - (\frac{G}{Q} + C_{\text{input}})]e^{-\frac{Q}{V}(t-t_1)}$$

Case 1 $t \to \infty$，$C = C_{\text{input}} + \frac{G}{Q}$

Cas 1.1 $C_{\text{input}} = 0$，$\to \infty$，$C = \frac{G}{Q}$

Case 2 $C_{\text{input}} = 0$，$C = \frac{G}{Q} + (C_1 - \frac{G}{Q})e^{-\frac{Q}{V}(t-t_1)}$

Cas 2.1 $C_{\text{input}} = 0$，$G = 0$，$C = C_1 e^{-\frac{Q}{V}(t-t_1)}$

Cas 2.2 $C_1 = 0$，$at_1 = 0$，$C = \frac{G}{Q}(1 - e^{-\frac{Q}{V}t})$

Case 3 $G = 0$，$C = C_{\text{input}} + (C_1 - C_{\text{input}})e^{-\frac{Q}{V}(t-t_1)}$

Case 4 $C_1 = C_{\text{input}}$，$at_1 = 0$，$C = C_{\text{input}} + \frac{G}{Q}(1 - e^{-\frac{Q}{V}t})$

【練習】請參考第二章第四節，舉例說明上述各假設條件(case)適合應用在何種實際狀況下。

# 單位換算

目前國際通用的度量衡單位為公制(SI)。常用之單位換算有兩種，一種是換算成不同數量級，另一種是公制與英制間的換算。不同數量級間之換算通常是用在公制單位，因公制原則上是以十進位表示法為主，如長度與質量單位，各數量級之符號及英文拼法請參考表 C-1，熟悉各數量級之符號將有助於單位之換算。

◢ 表 C-1　各數量級之符號及英文拼法

| 數量級 | 符號 | 英文拼法 | 數量級 | 符號 | 英文拼法 |
|---|---|---|---|---|---|
| $10^{-1}$ | d | deci | $10^{3}$ | k | kilo |
| $10^{-2}$ | c | centi | $10^{6}$ | M | mega |
| $10^{-3}$ | m | mili | $10^{9}$ | G | giga |
| $10^{-6}$ |  | micro | $10^{12}$ | T | tetra |
| $10^{-9}$ | n | nano | $10^{15}$ | P | peta |
| $10^{-12}$ | p | pico |  |  |  |
| $10^{-15}$ | f | femto |  |  |  |
| $10^{-18}$ | a | atto |  |  |  |

相對於不同數量級間之換算，公制與英制間之單位換算顯得比較繁雜，因為單位換算值大多不是整數，而且英制中不同長度或質量單位間之換算值大多也不是整數，各基本度量衡之單位換算如表 C-2 所示。目前在美加地區仍常使用英制單位，但在其他地區則大多已統一使用公制，因此對我們而言，如要引用美國數據，可能就常要換算單位。以工業通風的經典著作，即 ACGIH 發行之《Industrial Ventilation-A Manual of Recommended Practice》為例，其大部分數據即使用英制。

◢ 表 C-2　各種基本度量衡之公制與英制單位換算

| 度量衡 | 公制單位 | 公制符號 | 英制單位 | 英制符號 | 單位換算 |
|---|---|---|---|---|---|
| 長　度 | 公尺, meter | m | 英呎, foot | ft | 1 ft = 0.3048 m |
| 質　量 | 公斤, kilogram | kg | 英磅, pound | lb | 1 lb = 0.45359 kg |
| 時　間 | 秒, second | s | | | |
| 溫　度 | 凱式, Kelvin | K | Rankine | R | R = 1.8 K |
| 分子量 | 莫耳, mole | mol | | | |
| 電　流 | 安培, ampere | A | | | |
| 光　度 | 燭光, candela | cd | | | |
| 補充說明：<br>1 英呎 = 12 英吋(inch, in.)<br>1 英磅 = 16 盎司(ounce, oz) = 7000 英喱(grain, gr)<br>K = C + 273.16；R = F + 459.69；F = 1.8 C + 32 | | | | | |

所有的物理量都是由上述基本度量衡衍生而得，表 C-3 列出常用物理量之單位及其基本度量衡之組成。根據此組成及上述基本度量衡之單位換算，即可進行各物理量之單位換算。

◢ 表 C-3　常用物理量之單位換算

| 物理量 | 單位及符號 | 基本度量衡組成 |
|---|---|---|
| 面積 | 平方公尺 | $m^2$ |
| 體積 | 立方公尺 | $m^3$ |
| 風速 | | m/s |
| 排氣量 | | $m^3/s$ |
| 密度 | | $kg/m^3$ |
| 力 | 牛頓, Newton, N | $kg \cdot m/s^2$ |
| 頻率 | 赫茲, Hertz, Hz | 1/s |
| 功, 能, 熱 | 焦耳, Joule, J | $kg \cdot m^2/s^2$, $N \cdot m$ |
| 功率 | 瓦特, Watt, W | $kg \cdot m^2/s^3$, J/s |
| 壓力 | 巴斯卡, Pascal, Pa | $Kg/m/s^2$, $N/m^2$ |

現在就以風速及排氣量為例，進行公制與英制間之單位換算，即計算 1 fpm (ft per min, ft/min)及 1 cfm (cubit foot per min, $ft^3$/min)分別相當於多少 m/s 及 $m^3$/s：

風速，$v$, $1\,\text{fpm} = 1\,\text{ft}/\text{min} \times (0.3048\,\text{m}/\text{ft}) \times (\text{min}/60\,\text{s}) = 0.00508\,\text{m}/\text{s}$

排氣量，$Q$, $1\,\text{cfm} = 1\,\text{ft}^3/\text{min} \times (0.3048\,\text{m}/\text{ft})^3 \times (\text{min}/60\,\text{s}) = 4.72 \times 10^{-4}\,\text{m}^3/\text{s}$

接著再以動壓之計算式(4-5)式為例，說明係數在公制與英制間如何改變：

在英制中，$VP'\,(\text{in.}\,H_2O) = [v'\,(\text{fpm})/4005]^2$

則　$VP\,(\text{mm}H_2O) = VP'\,(\text{in.}\,H_2O) \times (25.4\,\text{mm}/\text{in})$

$\downarrow \quad VP'\,(\text{in.}\,H_2O) = [v'\,(\text{fpm})/4005]^2$ ................ (C-1)

$= [v'\,(\text{fpm})/4005]^2 \times (25.4\,\text{mm}/\text{in})$

$\downarrow \quad 1\,\text{fpm} = 0.00508\,\text{m}/\text{s}$

$= [v\,(\text{m}/\text{s}) \times (\text{fpm}/0.00508\,\text{m}/\text{s})/4005]^2 \times (25.4\,\text{mm}/\text{in})$

$= \{v\,(\text{m}/\text{s})/[0.00508 \times 4005 \times (1/25.4)^{0.5}]\}^2$

$\downarrow \quad 0.00508 \times 4005 \times (1/25.4)^{0.5} = 4.04$

$VP\,(\text{mm}H_2O) = [v\,(\text{m}/\text{s})/4.04]^2$ ............................................(4-5)

最後以直導管摩擦損失之經驗式為例，說明在參數指數不是整數時，係數在公制與英制間如何改變：

$h_L = H_f \times L \times VP$ ..................................................................(4-14)

其中 $H_f = a\,v^b/Q^c$ ............................................................(4-15)

將(4-15)式代入(4-14)式，並將移至等號左邊：

$$h_L / L = a\,v^b / Q^c \times VP \text{ ............ (C-2)}$$

(C-2)式中等號左邊之物理意義為每單位長度導管之摩擦損失相當長度，此時因沒有單位，所以與公制或英制無關。等號右邊之參數包括風速($v$)、排氣量($Q$)，以及動壓($VP$)，另有三個係數：$a$、$b$、$c$。在英制中，鍍鋅鐵管之係數 $a$ 為 0.0307，係數 $b$ 及 $c$ 同表 4-1，分別為 0.533 及 0.612，當由英制改成公制時，係數 $a$ 變成$1.86\times10^{-4}$，其改變方式說明如下：

$$h_L / L = a'\,[v'(\text{fpm})]^b / [Q'(\text{cfm})]^c \times VP'(\text{in. }H_2O)$$

$$\downarrow \quad 1\,\text{fpm} = 0.00508\,\text{m/s}$$

$$\downarrow \quad 1\,\text{cfm} = 4.72\times10^{-4}\,\text{m}^3/\text{s}$$

$$\downarrow \quad 1\,\text{in. }H_2O = 25.4\,\text{mm}H_2O$$

$$= a'\,[v\,(\text{m/s})\times\text{fpm}/0.00508\,\text{m/s}]^b / [Q\,(\text{m}^3/\text{s})\times(\text{cfm}/4.72\times10^{-4}\,\text{m}^3/\text{s})]^c \times [VP\,(\text{mm}H_2O)\times\text{in. }H_2O/25.4\,\text{mm}H_2O]$$

$$= [a'/0.00508^b/(4.72\times10^{-4})^c/25.4]\times[v\,(\text{m/s})]^b/[Q\,(\text{m}^3/\text{s})]^c\times VP\,(\text{mm}H_2O)$$

$$\downarrow\ a' = 0.0307,\quad b = 0.533,\quad c = 0.612$$

$$= (0.0307\times0.00508^{-0.533}\times0.000472^{0.612}/25.4)\times v^b/Q^c\times VP$$

$$= 1.86\times10^{-4}\times v^b/Q^c\times VP$$

$$\therefore\ a = 1.86\times10^{-4}$$

讀者可自行演算表 4-1 中，其他兩類不同材質之導管之係數 $a$，英制中這兩類材質之 $a$ 值依序分別為 0.0425 及 0.0311。

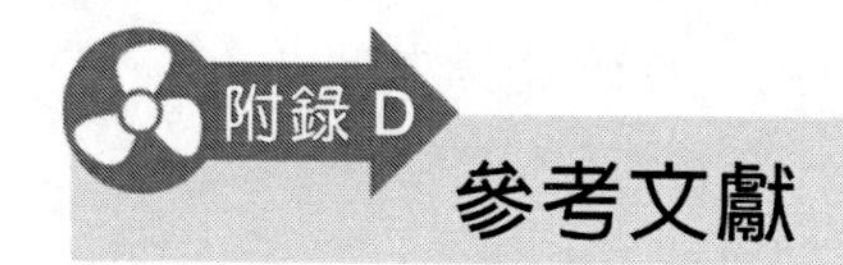

# 參考文獻

## 法規：

職業安全衛生法（2019 年 5 月 15 日總統令修正公布）。

職業安全衛生法施行細則（2020 年 2 月 27 日增訂發布），行政院勞動部。

職業安全衛生管理辦法（2016 年 2 月 19 日修正發布），行政院勞動部。

職業安全衛生設施規則（2020 年 3 月 2 日修正發布），行政院勞動部。

有機溶劑中毒預防規則（2014 年 6 月 25 日修正發布），行政院勞動部。

鉛中毒預防規則（2014 年 6 月 30 日修正發布），行政院勞動部。

鉛中毒預防規則部分條文修正總說明（2002 年 12 月 30 日第 2 次修正發布），行政院勞工委員會。

四烷基鉛中毒預防規則（2014 年 6 月 30 日修正發布），行政院勞動部。

缺氧症預防規則（2014 年 6 月 26 日修正發布），行政院勞動部。

特定化學物質危害預防標準（2016 年 1 月 30 日修正發布），行政院勞動部。

特定化學物質危害預防標準修正條文對照表（2001 年 12 月 31 日修正發布），行政院勞工委員會。

粉塵危害預防標準（2014 年 6 月 25 日修正發布），行政院勞動部。

異常氣壓危害預防標準（2014 年 6 月 25 日修正發布），行政院勞動部。

礦場職業衛生設施標準（2014 年 6 月 25 日修正發布），行政院勞動部。

營造安全衛生設施標準（2014 年 6 月 26 日修正發布），行政院勞動部。

勞工作業環境監測實施辦法（2016 年 11 月 2 日修正發布），行政院勞動部。

勞工作業場所容許暴露標準（2018 年 3 月 14 日修正發布），行政院勞動部。

局部排氣裝置定期自動檢查基準（1993 年 11 月 3 日），行政院勞工委員會。

空氣清淨裝置定期自動檢查基準（1998 年 10 月），行政院勞工委員會。

## 英文書目：

ACGIH (2010). Industrial Ventilation－A Manual of Recommended Practice. 27th Ed. Cincinnati: ACGIH.

Alden, J. L., & Kane, J. M. (1982). Design of Industrial Ventilation Systems. 5th Ed. Industrial Press Inc., New York.

Burgess, W. A., Ellenbecker, M. J., & Treitman, R. D. (1989). Ventilation for Control of the Work Environment. John Wiley & Sons, Inc., New York.

Burton, D. J. (1994). Laboratory Ventilation Work Book. 2nd Ed. IVE, Inc., Bountiful, Utah.

Hansen, D. J. (1991). The Work Environment, Volume 1. Lewis Publishers, Inc., Chelsea, Michigan.

Health and Safety Executive (HSE) (2011). Controlling airborne contaminants at work: A guide to local exhaust ventilation (LEV). 2nd ed. http://www.hse.gov.uk/pUbns/priced/hsg258.pdf

Heinsohn, R. J. (1991). Industrial Ventilation: Engineering Principles. John Wiley & Sons, Inc., New York.

King, R. (1990). Safety in the Process Industries. Butterworth-Heinemann Ltd., UK.

Kornberg, J. P. (1992). The Workplace Walk-Through. Lewis Publishers, Inc., Chelsea, Michigan.

McQuiston, F. C., & Parker, J. D. (1994). Heating, Ventilation, and Air Conditioning－Analysis and Design. 4th Ed. John Wiley & Sons, Inc., New York.

Plog, B. A., Niland, J., & Quinlan, P. J. (1996). Fundamentals of Industrial Hygiene. 4th. Ed. National Safety Council, Itasca, Illinois.

Scott, R. M. (1995). Introduction to Industrial Hygiene. CRC Press, Inc., Boca Raton, FL.

Williams, M. E., Baldwin, D. G., & Manz, P. C. (1995). Semiconductor Industrial Hygiene Handbook－Monitoring, Ventilation, Equipment and Ergonomics. Noyes Publications, Park Ridge, New Jersey.

## 中文書目：

葉文裕(1996/6)。職業安全衛生與個人防護，空氣污染防制專責人員訓練教材，甲級第三冊，環保署環境保護人員訓練所。

陳友剛(1998/4)。新版局部排氣導管設計程式介紹，勞工安全衛生簡訊，第 28 期。

行政院勞工委員會(1997/3)。甲級物理性因子作業環境測定教材，pp.106-109。

行政院勞工委員會(1997/3)。甲級化學性因子作業環境測定教材，第八章，工業通風，pp.609-748。

行政院勞工委員會(1983/5)。工業通風原理－工業通風原理及整體換氣。

行政院勞工委員會(1989/6)。缺氧作業管理人員訓練教材。

行政院勞工委員會(1998/10)。空氣清淨裝置定期自動檢查基準解說。

行政院勞工委員會勞工安全衛生研究所編譯(1999/1)。半導體設備和材料安全標準指引 SEMI S1-S11。

行政院勞工委員會勞工安全衛生研究所編印(1999/5)。從國內法規觀點探討半導體設備用安全指引 SEMI S2 研習會會議資料。

中華民國工業安全衛生協會(1985)。工業通風設計講習教材。

行政院勞工委員會勞工安全衛生研究所(2012.12)。英國職業安全衛生署局部排氣裝置指引。

中華民國工業安全衛生協會(1996/10)。局部排氣裝置自動檢查基準及其解說。

中華民國工業安全衛生協會(1996/10)。空氣清淨裝置自動檢查基準解說．空氣清淨裝置定期自動檢查基準。

中華民國工業安全衛生協會(1996/10)。除塵裝置．廢氣處理裝置。

行政院經濟部工業局工業污染防治技術服團(1987/3)。局部排氣系統設計，工業污染防治技術手冊之六。

張錦輝(1995/6)。作業環境控制之利器－工業通風，環保資訊，NO.12，pp.14-16。

林文海、李芝珊(1995)。「工業通風裝置與集塵裝置」氣膠原理與應用（總編輯：王秋森教授），第十二章，勞工安全衛生研究所，勞工安全衛生技術叢書 IOSH83-T-001。

楊振峰、林進一、陳友剛(1997/9)。工業通風，高立。

黃啟明(1984/10)。除塵裝置手冊，國立編譯館。

顏登通(1997/12)。潔淨室設計與管理，全華。

吳英民(1997/4)。送風機技術讀本，復漢。

李希聖(1997/10)。防排煙工程設計，徐氏。

王洪鎧(1995/9)。工業通風設計基礎，徐氏。

黃清賢(1993/9)。工業安全與管理，第十九章，工業通風，三民。

李文斌、臧鶴年(1994/3)。工業安全與衛生，第十七章，通風與粉塵控制，前程。

高正雄譯，高橋幹二編(1989/6)。氣溶膠工學應用，復漢。

## 學位論文：

林文海(1992/6)。室內燃燒源產生之次微米氣膠在呼吸道沉積量特性之探討，國立臺灣大學環境工程學研究所碩士論文。

劉德齡(1995/6)。作業場所通風特性評估方法之研究，國立臺灣大學公共衛生學院職業醫學與工業衛生研究所碩士論文。

陳信嘉(1995/6)。某辦公大樓室內空氣品質及「病態大樓症候群」之研究，國立臺灣大學公共衛生學院職業醫學與工業衛生研究所碩士論文。

## 期刊論文：

Li, Chih-Shan, Wen-Hai Lin and Fu-Tien Jenq (1993). Characterization of outdoor submicron particles and selected combustion sources of indoor particles. *Atmospheric Environment* 27B: 413-424.

Li, Chih-Shan, Wen-Hai Lin and Fu-Tien Jenq (1993). Size distributions of submicrometer aerosols from cooking. *Environment International* 19: 147-154.

Li, Chih-Shan, Wen-Hai Lin and Fu-Tien Jenq (1993). Removal efficiency of particulate matter by a range exhaust fan. *Environment International* 19: 371-380.

劉德齡、林文海、李芝珊、王秋森、石東生(1995)。空氣年齡概念在作業場所通風特性評估之應用，勞工安全衛生研究所，勞工安全衛生研究季刊，第三卷，第四期：1-20。

## 會議論文：

劉德齡、林文海、李芝珊、王秋森、石東生(1995/3)。作業場所氣流型態與通風評估方法之研究，1995 年工業衛生暨環境職業醫學研討會論文摘要集，pp.23-24。

呂志維、林世昌、黃勝凱(1995/3)。鹽酸水洗槽通風系統改善評估，1995 年工業衛生暨環境職業醫學研討會論文摘要集，pp.21-22。

葉文裕、陳友剛、鍾弘、李忠庸、鍾基強(1995/3)。作業環境室內污染物擴散模式之研究，1995 年工業衛生暨環境職業醫學研討會論文摘要集，pp.7-8。

陳錦煌、劉遵賢、鄭福田(1996/11)。室內流場對局部排氣設施收集效率影響之研究，第十三屆空氣污染控制技術研討會論文專輯，pp.361-371。

陳春萬、葉文裕、陳友剛(1996/12)。電鍍槽控制技術探討，1996 氣膠科技國際研討會論文集，pp.283-291。

傅武雄、余榮彬、林慶峰(1996/12)。密閉作業環境有害氣體排除之電腦模擬，1996 氣膠科技國際研討會論文集，pp.411-419。

陳友剛、葉文裕、陳春萬(1996/12)。圓形開口凸緣氣罩控制風速的理論探討，1996 氣膠科技國際研討會論文集，pp.421-429。

鍾基強、陳柏志(1996/12)。潔淨室通風系統設計探討，1996 氣膠科技國際研討會論文集，pp.719-727。

李錦東、夏良聚、張東隆(1996/12)。Clean Room Particle Monitor, Airflow Simulation and Measurement for Particle Reduction，1996 氣膠科技國際研討會論文集，pp.729-736。

葉文裕、陳友剛(1997/10)。環境測定與工程改善（摘要），1997 暴露評估技術研討會論文集，pp.108。

陳春萬、林見衡、林宜長、葉文裕、陳友剛(1997/10)。電鍍槽鉻酸霧滴暴露控制效果測定，1997 暴露評估技術研討會論文集，pp.120-127。

# 練習範例部分解答

| | | | | | | | | |
|---|---|---|---|---|---|---|---|---|
| 第一章<br>第二節 | 1. | (1) | 11. | (1) | 21. | (4) | 31. | (3) |
| | 2. | (3) | 12. | (2) | 22. | (4) | 32. | (1)B (2)A<br>(3)A (4)C<br>(5)B (6)A<br>(7)C (8)A<br>(9)C (10)A |
| | 3. | (1) | 13. | (3) | 23. | (4) | | |
| | 4. | (3) | 14. | (1) | 24. | (1) | | |
| | 5. | (1) | 15. | (2) | 25. | (1) | | |
| | 6. | (1) | 16. | (3) | 26. | (4) | | |
| | 7. | (3) | 17. | (1) | 27. | (134) | | |
| | 8. | (2) | 18. | (4) | 28. | (3) | | |
| | 9. | (2) | 19. | (3) | 29. | (123) | | |
| | 10. | (3) | 20. | (2) | 30. | (4) | | |
| 第一章<br>第三節 | 1. | (4) | 6. | (1) | 11. | (2) | | |
| | 2. | (3) | 7. | (1) | 12. | (4) | | |
| | 3. | (1) | 8. | (2) | 16. | (1)A (2)B<br>(3)B (4)A<br>(5)A (6)B<br>(7)A (8)A<br>(9)B (10)A | | |
| | 4. | (4) | 9. | (34) | | | | |
| | 5. | (1) | 10. | (2) | | | | |
| 第二章<br>第二節 | 1. | (3) | 3. | 變好 | | | | |
| | 2. | (3) | | | | | | |
| 第二章<br>第三節 | 1. | (4) | 3. | (1) | | | | |
| | 2. | (4) | | | | | | |
| 第二章<br>第四節 | 1. | (1) | 11. | (4) | 21. | (134) | | |
| | 2. | (3) | 12. | (2) | | | | |
| | 3. | (1) | 13. | (1) | | | | |
| | 4. | (2) | 14. | (3) | | | | |
| | 5. | (2) | 15. | (3) | | | | |

| 章節 | 題號 | 答案 | 題號 | 答案 | 題號 | 答案 | 題號 | 答案 |
|---|---|---|---|---|---|---|---|---|
| | 6. | (4) | 16. | (4) | | | | |
| | 7. | (1) | 17. | (1) | | | | |
| | 8. | (4) | 18. | (2) | | | | |
| | 9. | (4) | 19. | (3) | | | | |
| | 10. | (3) | 20. | (23) | | | | |
| **第二章** 第六節 | 1. | (4) | | | | | | |
| **第二章** 第八節 | 1. | (4) | 6. | (2) | | | | |
| | 2. | (4) | | | | | | |
| | 3. | (1) | | | | | | |
| | 4. | (124) | | | | | | |
| | 5. | (3) | | | | | | |
| **第三章** 第一節 | 1. | (4) | 6. | (2) | | | | |
| | 2. | (3) | 7. | (12) | | | | |
| | 3. | (2) | 8. | (2) | | | | |
| | 4. | (1) | 9. | (4) | | | | |
| | 5. | (2) | 10. | (123) | | | | |
| **第三章** 第二節 | 1. | (1) | 6. | (1) | 11. | (3) | 18. | (1)B (2)A (3)C (4)B (5)A |
| | 2. | (1) | 7. | (1) | 12. | (3) | | |
| | 3. | (1) | 8. | (1) | 13. | (2) | | |
| | 4. | (4) | 9. | (1) | 14. | (3) | | |
| | 5. | (1) | 10. | (3) | 15. | (4) | | |
| **第三章** 第三節 | 1. | (3) | | | | | | |
| **第三章** 第四節 | 1. | (3) | 6. | 變差 | | | | |
| | 2. | (1) | | | | | | |
| | 3. | (34) | | | | | | |
| | 4. | (2) | | | | | | |
| | 5. | (3) | | | | | | |

| | | | | | | |
|---|---|---|---|---|---|---|
| 第三章 | 1. | (3) | 6. | (4) | | |
| 第五節 | 2. | (3) | 7. | (3) | | |
| | 3. | (13) | 8. | (3) | | |
| | 4. | (1234) | | | | |
| | 5. | (4) | | | | |
| 第四章 | 1. | (2) | 9.(a) | (+5) | 10.(1)a | (-10.0) |
| 第一節 | 2. | (2) | (b) | (-8) | b | (-5.6) |
| | 3. | (2) | (c) | (+5) | c | (+2.0) |
| | 4. | (3) | (d) | (-2) | (2) | 290.6 |
| | 5. | (4) | (e) | (+2) | (3) | 位置 3 之 Pv |
| | 6. | (3) | | | 11.(1) | 負 |
| | 7. | (3) | | | (2) | A：靜，B：動，C：全 |
| | 8. | (3) | | | | |
| 第四章 | 1. | (1) | 6. | (23) | 11. | (4) |
| 第二節 | 2. | (4) | 7. | (2) | 12.(5) | 變好 |
| | 3. | (2) | 8. | (3) | (6) | 變差 |
| | 4. | (3) | 9. | (3) | (7) | 變差 |
| | 5. | (2) | 10. | (4) | (8) | 變好 |
| 第五章 | 1. | (3) | | | | |
| 第四節 | 2. | (1) | | | | |
| | 3. | (12) | | | | |
| | 4. | (14) | | | | |
| 第六章 | 1. | (2) | | | | |
| 第一節 | 2. | (1) | | | | |
| | 3. | (2) | | | | |
| | 4. | (4) | | | | |

| | | | | | | | | |
|---|---|---|---|---|---|---|---|---|
| 第六章<br>第二節 | 1. | (3) | | | | | | |
| 第七章<br>第三節 | 1. | (4) | 11. | (2) | 21. | (134) | 31. | (124) |
| | 2. | (123) | 12. | (2) | 22. | (3) | 32. | (1) |
| | 3. | (1) | 13. | (34) | 23. | (1) | 33. | (2) |
| | 4. | (3) | 14. | (3) | 24. | (1) | 34. | (2) |
| | 5. | (3) | 15. | (4) | 25. | (134) | 35. | (4) |
| | 6. | (1) | 16. | (2) | 26. | (2) | 36. | (3) |
| | 7. | (1) | 17. | (4) | 27. | (134) | 37. | (1) |
| | 8. | (234) | 18. | (123) | 28. | (3) | 38. | (3) |
| | 9. | (1) | 19. | (2) | 29. | (1) | 39. | (23) |
| | 10. | (4) | 20. | (3) | 30. | (14) | 40. | 14 |
| | 41. | (124) | 51. | (4) | 61. | (3) | | |
| | 42. | (1) | 52. | (4) | 62. | (123) | | |
| | 43. | (1) | 53. | (3) | 63. | (4) | | |
| | 44. | (4) | 54. | (4) | 64. | (3) | | |
| | 45. | (1) | 55. | (2) | 65. | (234) | | |
| | 46. | (4) | 56. | (2) | 66. | (1) | | |
| | 47. | (3) | 57. | (3) | 67. | (3) | | |
| | 48. | (1) | 58. | (4) | 68. | (1) | | |
| | 49. | (2) | 59. | (3) | 69. | (3) | | |
| | 50. | (23) | 60. | (3) | 70. | (4) | | |

NEW WCDP 新文京開發出版股份有限公司
新世紀．新視野．新文京 — 精選教科書．考試用書．專業參考書